남성복 실무
셔츠 티셔츠 패턴

Men's wear shirt
Practical pattern

남성복 실무
셔츠 티셔츠 패턴

Men's wear shirt
Practical pattern

E.Hoo Atelier

머리말

옷을 만드는 일은 디자인, 패턴, 봉제 뿐 아니라 수많은 사람들의 협력을 통해 진행됩니다.
중요하지 않은 단계의 일이 없습니다.
이 책에서는 옷의 뼈대를 만드는 작업인, 패턴 제작에 대해서 다루었습니다.

남성복 실무 셔츠, 티셔츠 패턴을 다루었습니다.
실무와 강의를 하며 느낀 점을 토대로, 현실적으로 가장 도움이 될 자료에 대해 고민하였습니다.
단순히 학습에서 끝나는 것이 아니라 실질적으로 사용할 수 있도록 준비하였습니다.

캐쥬얼과 클래식, 기본 핏과 세미 오버, 오버 핏 등,
단작, 견보루, 단추, 턱, 쌈솔, 통솔, 니혼오바, 갈라삼봉, 가이루빠 등
패턴과 봉제에서 디테일을 확인하실 수 있도록 패턴 자료와 함께 사진자료를 담았습니다.

실무에서 바로 사용이 가능하도록 여러 디자인의 셔츠와 티셔츠를 준비하였습니다.
패턴의 실질적인 활용을 돕기 위해, 본 패턴으로 제작된 의상 사진을 담았습니다.
기성복 제작 활용을 돕기 위해 사이즈 표와 그레이딩 자료를 함께 담았습니다.

손으로 패턴을 떠보는 것뿐만 아니라,
직접 만들어 보고, 만든 옷을 스스로 점검해보며 익히시고, 활용해 주시면 좋겠습니다.
학습적으로도 도움이 되고, 실무적으로도 도움이 되길 바랍니다.
패턴 가다에 다양한 디자인을 녹여내어 좋은 옷으로 풀어내는 데에 도움이 되면 좋겠습니다.

업데이트 자료와 피드백, 봉제와 디자인 패턴 등에 관한 자료들을
블로그와 유튜브, 인스타그램 등에 올려놓고 있으니 참고해주시면 더욱 좋겠습니다.

패턴들은 거버 캐드(Gerber Accumark) 프로그램을 사용하여 제작되었습니다.

이 책을 위해 물심양면으로 도와주신 많은 분들께 진심으로 감사드립니다.

네이버 블로그 [이후 아틀리에 E.Hoo Atelier] https://blog.naver.com/ehoo_at

유튜브 [이후 아틀리에 E.Hoo Atelier] https://www.youtube.com/EHOOATELIER

셔츠란...

옷에 대한 나의 관심과 사랑은 셔츠에서 시작되었다.
어린시절, 아침에 깨끗이 다려진 셔츠를 입고 출근하시는 아버지의 모습은 내가 가장 닮고 싶은
멋진 어른의 모습이었다.
깔끔하고, 때로는 스타일리쉬해 보이는 셔츠를 즐겨입는다.

나의 셔츠를 스스로 지어서 입고 싶다는 생각으로 옷을 시작했다.
군복무 중, 휴가때에 입을 셔츠와 바지 등을 만들곤 했다.
부대 내에서 조금씩 소문이 나면서 장교분들이나 다른 부대원들에게 셔츠를 판매했다.
그렇게 나의 옷을 지어입고 즐기던 일이 점점 직업이 되는 축복을 맞이했다.

넥타이를 매고, 자켓과 함께 착용하는 클래식 드레스 셔츠부터,
편하게 부담없이 입을 수 있는 캐쥬얼 셔츠까지, 셔츠는 티셔츠와 함께 캐쥬얼하게 입을 수도 있고,
클래식하게 입을수도 있다. 셔츠는 무궁무진한 가능성과 매력을 지닌 옷이다.

셔츠는 기본적으로 쌈솔 봉제를 한다.
하지만 디자인과 원단에 따라 통솔 봉제나 오버록 등의 봉제 방법도 자주 사용된다.
디자인과 원단, 봉제 방법을 항시 고려하여 제작해야 한다.
카라 디자인, 컬러, 원단, 밑단 라인, 기장, 봉제방법 등에 따라 그 느낌과 분위기가 많이 달라질 수 있다.

무난하고 간단하게 티셔츠를 입는다. 일상적으로 입는 옷이기에 특별하게 여기지 않을 수 있지만,
유난히 나에게 잘 어울리는 것 같은 티셔츠를 만나게 되면, 그 티셔츠만 입고싶어 진다.

만만하고 쉽게 입는 티셔츠지만, 티셔츠도 저마다의 발란스와 디테일을 갖고 있다.
어떤 디자인과 원단을 녹여내느냐에 따라 한없이 시크해질 수 있다.

주로 다이마루 원단을 사용하며 대부분의 경우 니혼오바와 삼봉을 사용한다.
원단의 특성과, 랍빠, 가이루빠(삼봉), 수소봉제 등 관련 봉제기기를 잘 알면 더욱 좋은 옷을 만들 수 있다.

셔츠, 티셔츠 패턴 가다에 다양한 디자인을 녹여내어 많은 옷을 풀어낼 수 있다는 점은 더욱 흥미롭다.

패턴을 뜨고 봉제를 하고, 이런저런 고민과 연구를 하며 많은 셔츠와 티셔츠를 만들어보았다.
입는 즐거움뿐만 아니라 일하는 즐거움과 만드는 즐거움까지 얻을 수 있어 행복하다.

목차

목차

남성복 기본 캐쥬얼 셔츠 MS22U_J002

남성복 하와이안 오픈 칼라 셔츠 MS22U_J008

남성복 오버사이즈 셔츠 MS22I006

남성복 기본 캐쥬얼 셔츠 MS22U_J002

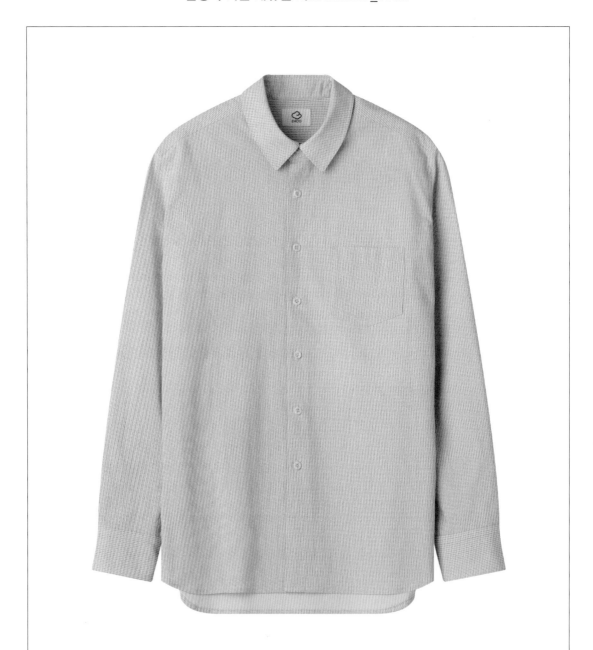

기준 사이즈	남성복 기본 캐쥬얼 셔츠 MS22U_J002						
(가슴둘레/2)	42	44	46	48	50	52	54
가슴 둘레	100	104	108	112	116	120	124
어깨 너비	42.5	44	45.5	47	48.5	50	51.5
기장	74.5	75.5	76.5	77.5	78.5	79.5	80.5
소매통	39	40	41	42	43	44	45
소매기장	61.5	62	62.5	63	63.5	64	64.5

※ 기장은 뒷목점을 기준으로 밑단까지 잰 길이입니다.
※ 가슴둘레 여유량에 따라 핏감이 달라질 수 있습니다.

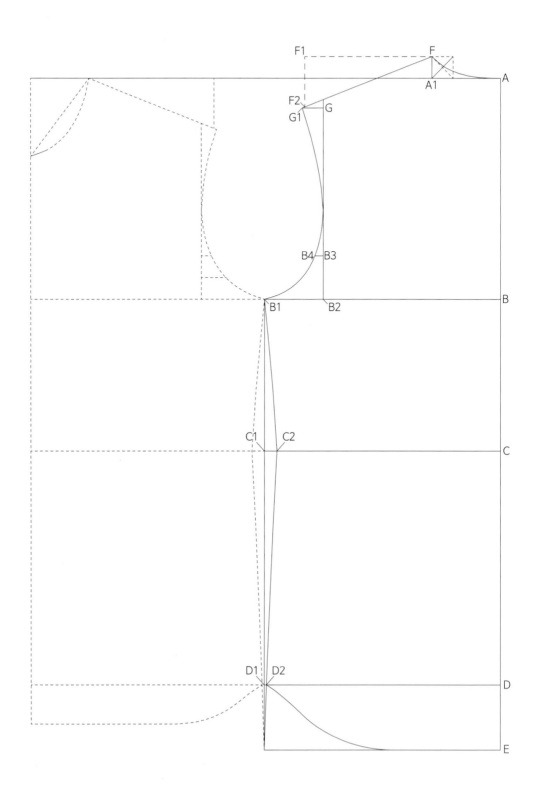

A-B	25.5	
A-C	43	
C-D	27	
D-E	7.5	
B-B1	28	뒤판 가슴 값
B-B2	21	뒤품 값
C1-C2	1.5	
D1-D2	0.3	D2에서 뒤판 밑단 자연스럽게 연결
A-A1	8.3	
A1-F	2.5	
F-F1	15	
F1-F2	5.8	어깨 각도
F-F2	직선 연결	
G-G1	2.5	
B2-B3	5	
B3-B4	1	

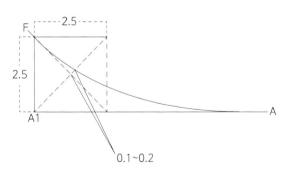

뒷목선을 그릴때 사각 정사각형을 그리고, 중간 지점에서 0.1~0.2 구간을 지나게 그린다

남성복 기본 캐쥬얼 셔츠 MS22U_J002

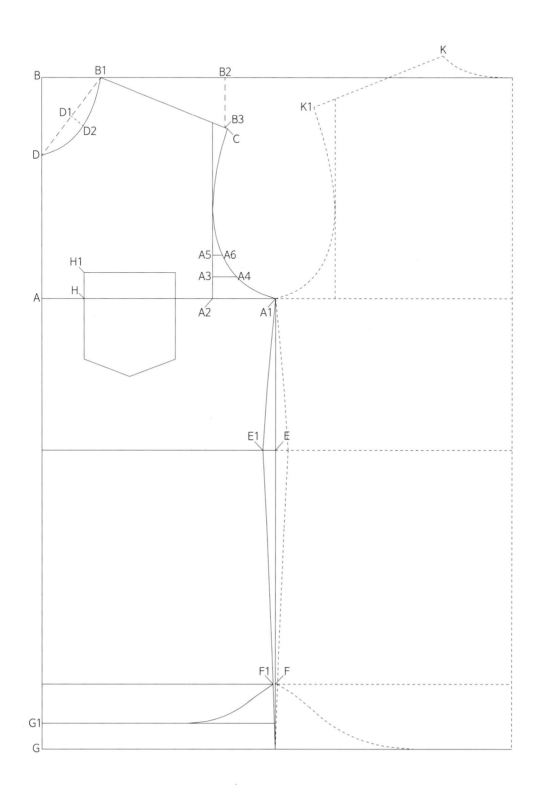

A–A1	28	앞판 가슴 값
A–A2	20.5	앞품 값
B–B1	7.2	
B1–B2	15	
B2–B3	5.8	어깨 각도
B1–B3	직선 연결	
B1–C	K–K1	뒤판의 어깨 길이와 동일
B–D	9	
B1–D	직선 연결	중간 점 D1
D1–D2	1.8	
A2–A3	2.5	
A3–A4	3	
A2–A5	5	
A5–A6	1.2	
E–E1	1.5	
F–F1	0.3	
G–G1	3	
A–H	5	
H–H1	3	

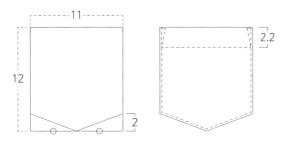

가슴 포켓(착장 시 왼쪽)

남성복 기본 캐쥬얼 셔츠 MS22U_J002

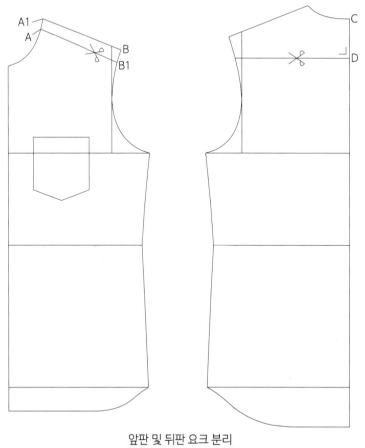

앞판 및 뒤판 요크 분리

A-A1	2
B-B1	2.5
C-D	7.5

붙임

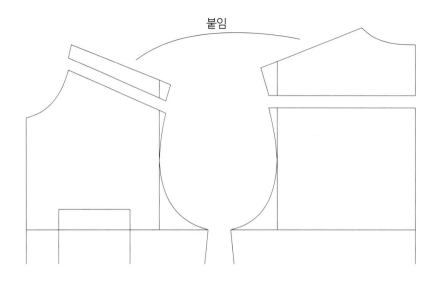

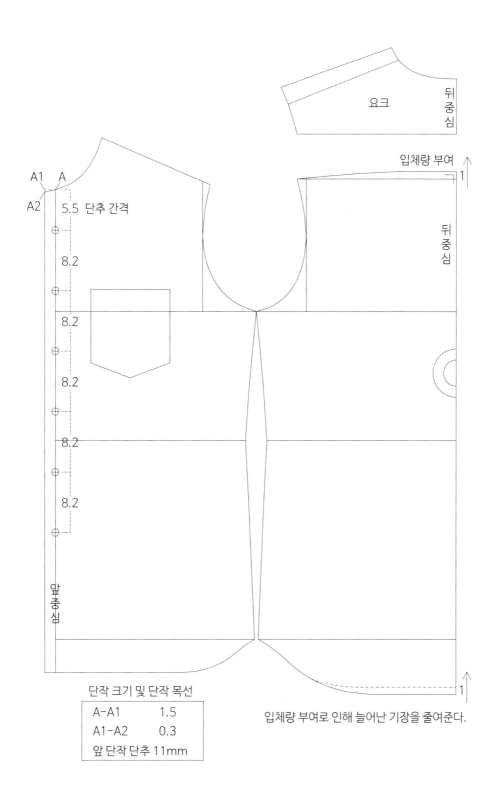

요크

뒤
중
심

A1 A

A2

5.5 단추 간격

8.2

8.2

8.2

8.2

8.2

입체량 부여

뒤
중
심

1

앞
중
심

1

단작 크기 및 단작 목선

A-A1	1.5
A1-A2	0.3
앞 단작 단추 11mm	

입체량 부여로 인해 늘어난 기장을 줄여준다.

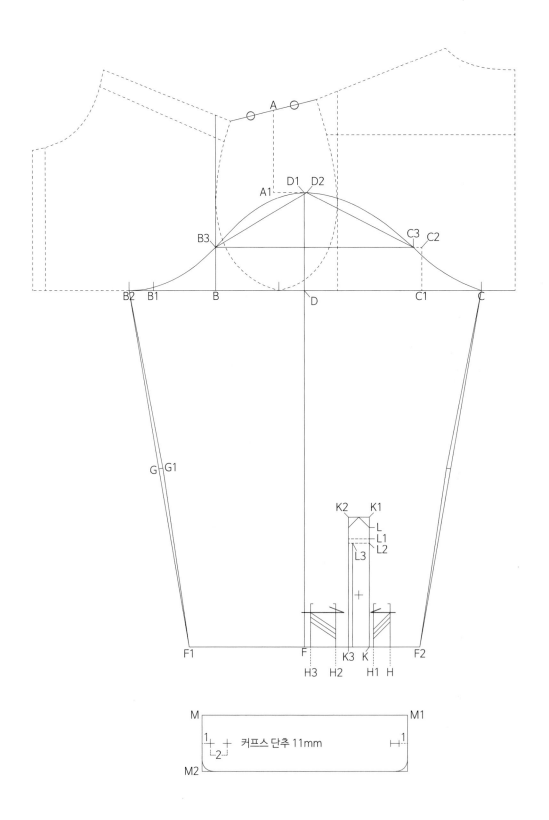

남성복 기본 캐쥬얼 셔츠 MS22U_J002

A		양 어깨를 이은 선의 중간 점
A-A1	9.5	A1에서 가로로 수평선을 그려준다
B-B1	7.5	앞 겹품
B1-B2	3	
B2-C	42	소매통
D	B2-C 중간 점	소매통 중간 점
D1	D 에서 수직으로 올라간 선과 A1에서 그린 가로 수평선이 만나는 점	
D1-D2	0.3	
C-C1	7	뒤 겹품
C1-C2	5	
C2-C3	1	
B-B3	5	
B3-D2	직선 연결	소매 머리 자연스럽게 연결
C3-D2	직선 연결	소매 머리 자연스럽게 연결
M-M2	6.5	커프스 폭
M-M1	24.5	커프스 소매 부리
D1-F	56.5	
F-F1, F-F2	13.75	커프스(24.5) + 주름(3) + 주름(2) - 트임 겹침(2)
F2-H	3.5	
H-H1	2	주름
H1-K	0.5	
K-K1	15	
K1-K2	2.5	
K1-L	1.2	
K1-L1	2.5	
L1-L2	0.5	
L2-L3	2	견보루 트임 겹침분
K3-H2	1.5	
H2-H3	3	주름
G	B2-F1 중간 점	
G-G1	0.5	

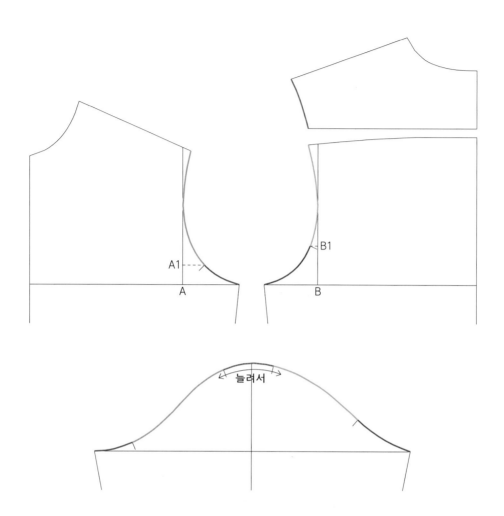

암홀 소매 너치

A-A1	2.5
B-B1	5

너치를 표시하고 암홀과 소매의 길이를 맞춘다.

소매 머리를 0.3 ~ 0.5 cm 늘려 박을 수 있다.

남성복 기본 캐쥬얼 셔츠 MS22U_J002

소매 머리를 내리거나 올려서 암홀과 소매 길이를 맞출 수 있다.

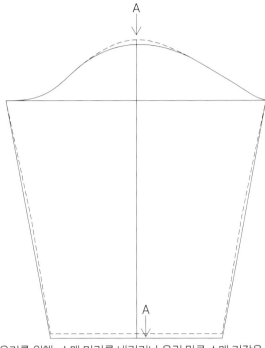

소매 길이 유지를 위해, 소매 머리를 내리거나 올린 만큼 소매 기장을 조절해준다.

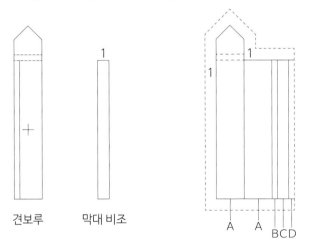

견보루	막대 비조

견보루와 막대 비조를 따로 봉제할 수 있다.   일체형으로 한번에 봉제할 수 있다.

일체형 견보루 시접

A	2.5	견보루 두께
B	0.5	A-B = 견보루 트임 겹침분
C	1	막대 비조 두께
D	0.7	막대 속 시접
견보루 트임 단추 9mm		

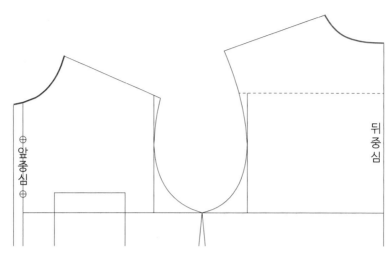

셔츠 카라 제도를 위해 뒷목 길이, 앞목 길이(단작포함)를 잰다.

앞목 길이 ---- 뒷목 길이

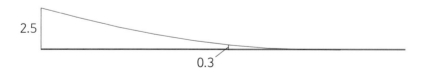

2.5

0.3

2.5cm 각도를 주고 곡선으로 자연스럽게 카라 밑선을 그린다.

밴드 카라 제작

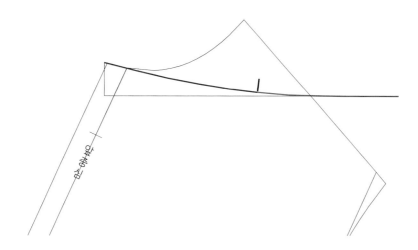

길이를 맞추어 옆목 너치를 주고 밴드 카라 밑선에 앞판을 맞추어보아 밴드 끝 각도를 잡는다.

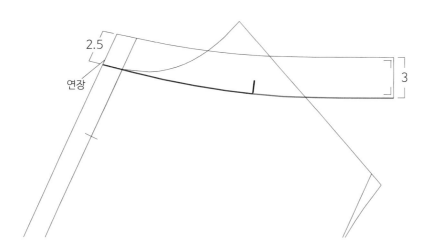

각도를 맞추고 앞판 단작 끝선과 앞중심 선을 연장하여 밴드 앞선을 그린다.

밴드 카라 제작

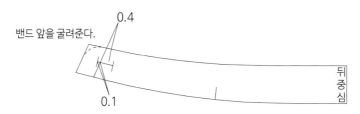

밴드 앞을 굴려준다.
0.4
0.1
뒤중심

앞중심 선에서 0.4 들어와 카라 너치를 준다

밴드 카라 완성

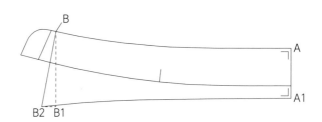

카라 제작

B	카라 너치
A–A1	4
B–B1	6
B1–B2	1.2

카라 제작

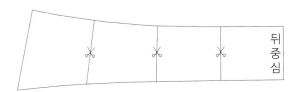

카라를 4등분한다.

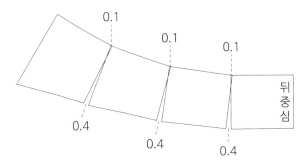

밴드와 봉제되는 부분은 0.1 씩 집어주고, 카라의 외경은 0.4씩 벌려준다.

밴드와 봉제되는 부분을 0.3 늘려 박는다.

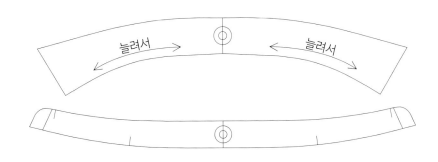

카라 완성

E.Hoo Atelier 39

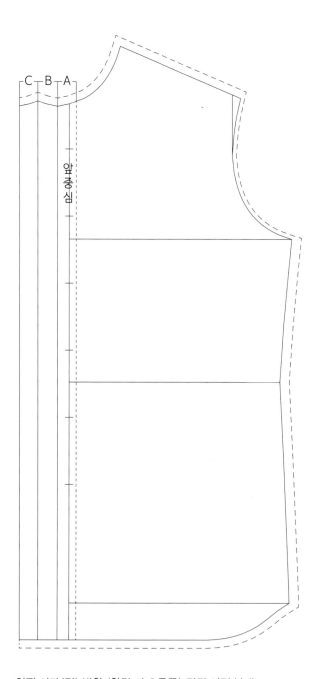

앞판 시다(밑) 방향 (착장 시 오른쪽) 단작 시접 분배

A	2.5	스티치
B	2.6	시접
C	2.3	속으로 들어가는 시접

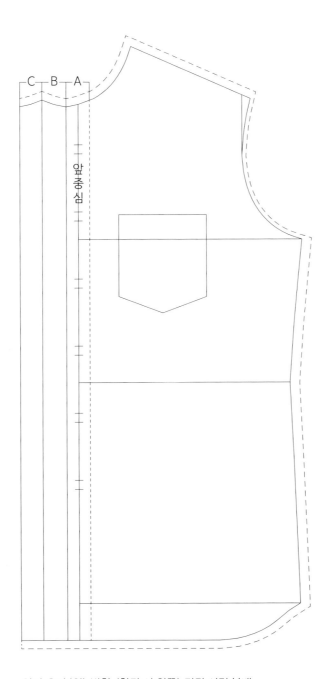

앞판 우아(위) 방향 (착장 시 왼쪽) 단작 시접 분배

A	3	스티치
B	3.1	시접
C	2.8	속으로 들어가는 시접

남성복 기본 캐쥬얼 셔츠 MS22U_J002

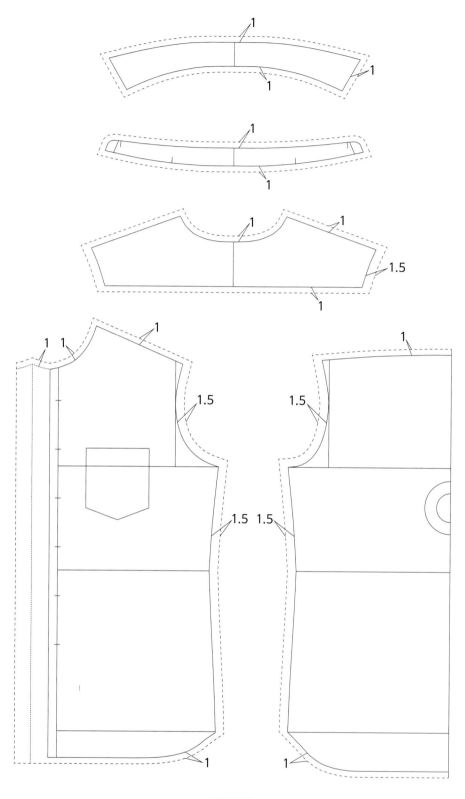

시접 분배

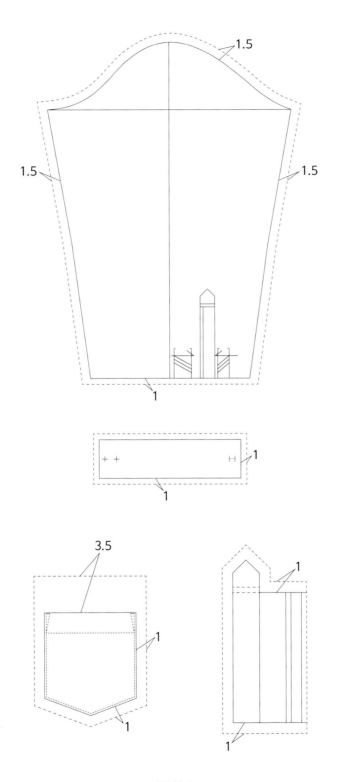

1.5

1.5

1.5

1

1

1

3.5

1

1

1

1

시접 분배

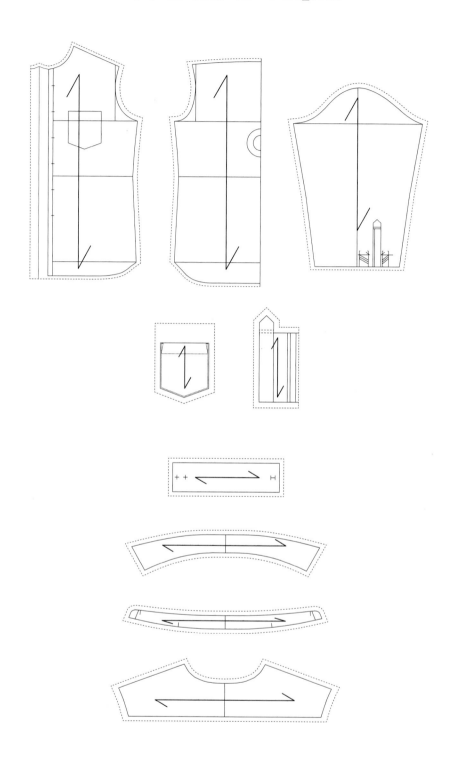

체크나 스트라이프 원단의 경우 무늬를 맞추기 위해 결을 바꿔 재단할 수 있다.

재단 결 방향

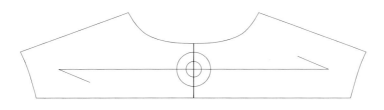

일반적인 재단 결 방향

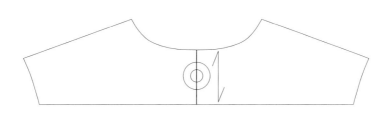

체크나 스트라이프 등의 원단의 무늬를 맞추기 위해 몸판과 요크의 결을 같게 할 수 있다.

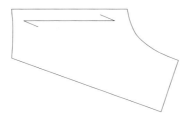

어깨 방향으로 식서 결을 사용하여 어깨가 늘어나지 않게 요크 결을 사용할 수 있다.

요크 결 방향

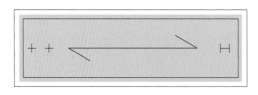

커프스 겉면에 심지를 바른다. 심지는 식서 결로 재단한다.
심지는 데끼 완성선 보다 조금 크게 재단한다.

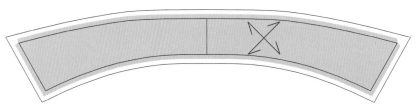

카라 겉면에 심지를 바른다. 심지는 바이어스 결로 재단한다.

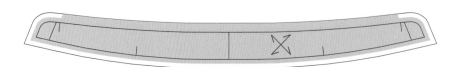

밴드 카라 겉면에 심지를 바른다. 심지는 바이어스 결로 재단한다.

원단이나 심지의 두께에 따라 심지를 바르는 방법이 달라질 수 있다.

심지

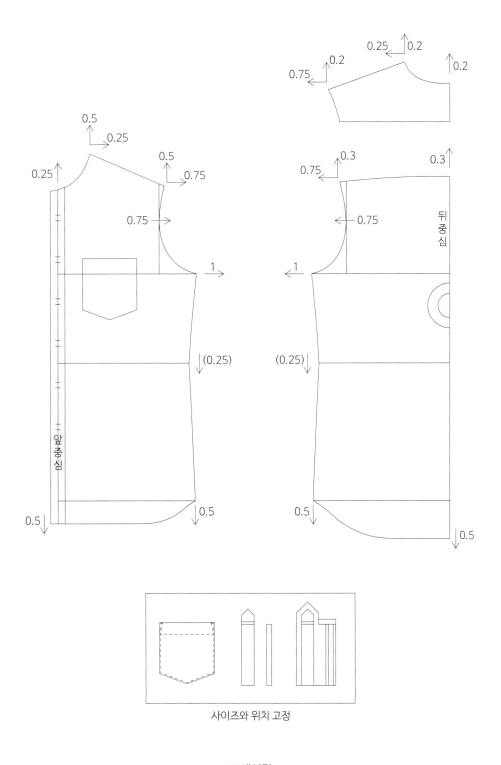

사이즈와 위치 고정

그레이딩

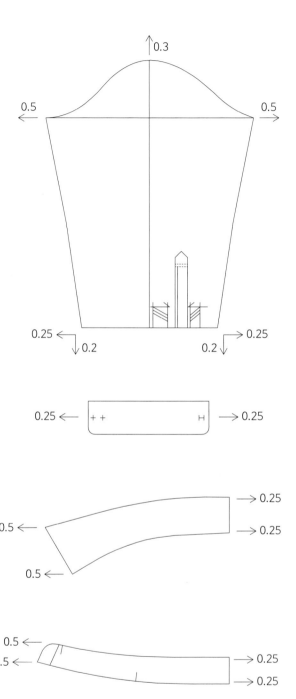

그레이딩

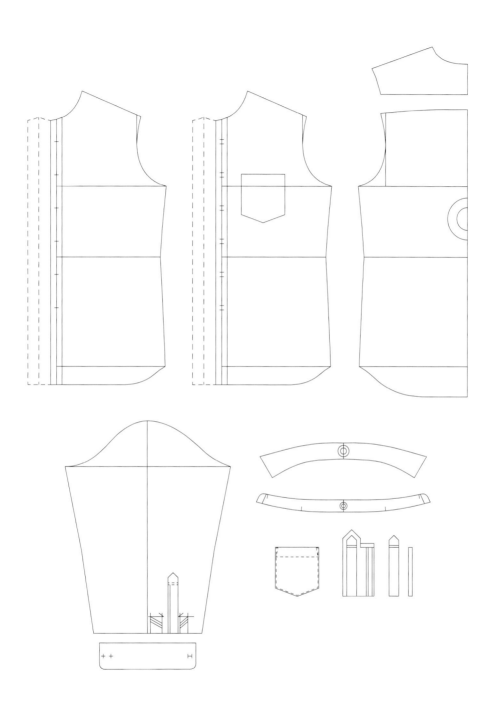

패턴 정리

남성복 클래식 스트랩 셔츠 MS22DVN005

기준 사이즈	남성복 클래식 스트랩 셔츠 MS22DVN005						
(가슴둘레/2)	42	44	46	48	50	52	54
가슴 둘레	100	104	108	112	116	120	124
어깨 너비	43.5	45	46.5	48	49.5	51	52.5
기장	77.5	78.5	79.5	80.5	81.5	82.5	83.5
소매통	42	43	44	45	46	47	48
소매기장	65	65.5	66	66.5	67	67.5	68

※ 기장은 뒷목점을 기준으로 밑단까지 잰 길이입니다.
※ 가슴둘레 여유량에 따라 핏감이 달라질 수 있습니다.

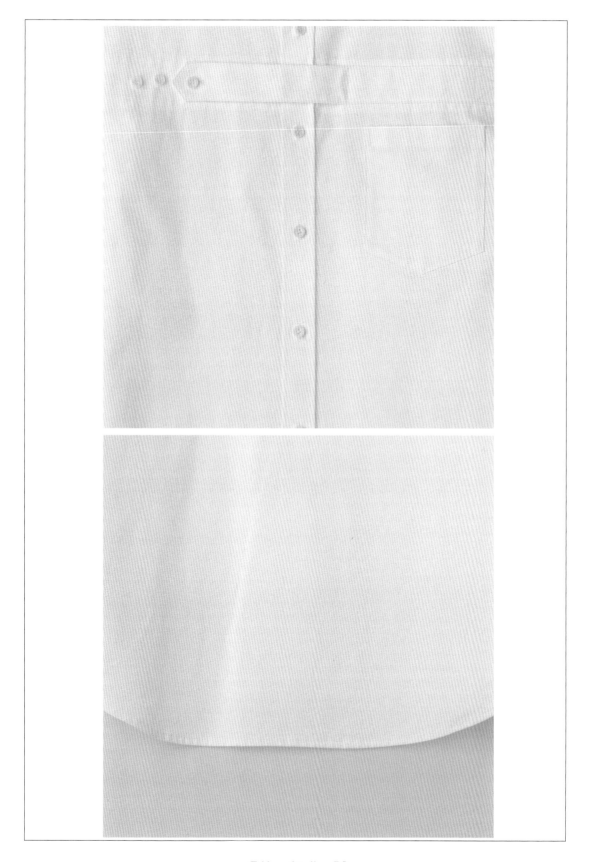

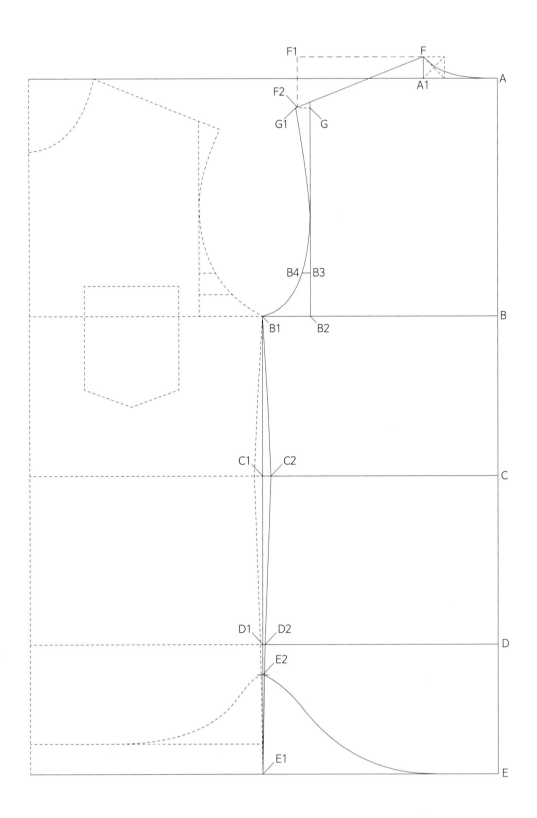

A-B	27.5	
A-C	46	
C-D	19.5	
D-E	15	
B-B1	28	뒤판 가슴 값
B-B2	22.3	뒤품 값
C1-C2	1	
D1-D2	0.3	
E1-E2	11.5	E2에서 뒤판 밑단 자연스럽게 연결
A-A1	8.8	
A1-F	2.5	
F-F1	15	어깨 각도
F1-F2	5.8	
F-F2	직선 연결	
G-G1	1.7	
B2-B3	5	
B3-B4	1	

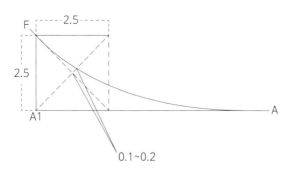

뒷목선을 그릴때 사각 정사각형을 그리고, 중간 지점에서 0.1~0.2 구간을 지나게 그린다

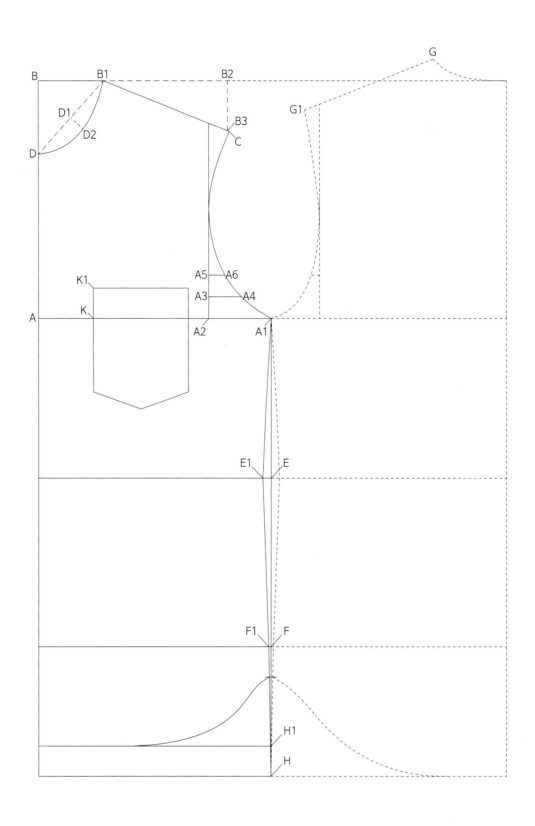

A-A1	28	앞판 가슴 값
A-A2	20.5	앞품 값
B-B1	7.8	
B1-B2	15	어깨 각도
B2-B3	5.8	
B1-B3	직선 연결	
B1-C	G-G1	뒤판의 어깨 길이와 동일
B-D	8.5	
B1-D	직선 연결	중간 점 D1
D1-D2	2	
A2-A3	2.5	
A3-A4	3.5	
A2-A5	5	
A5-A6	1.8	
E-E1	1	
F-F1	0.3	
H-H1	3.5	
A-K	6.5	
K-K1	3.5	

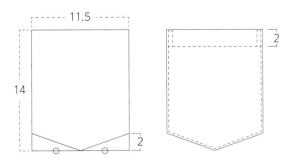

가슴 포켓(착장 시 왼쪽)

남성복 클래식 스트랩 셔츠 MS22DVN005

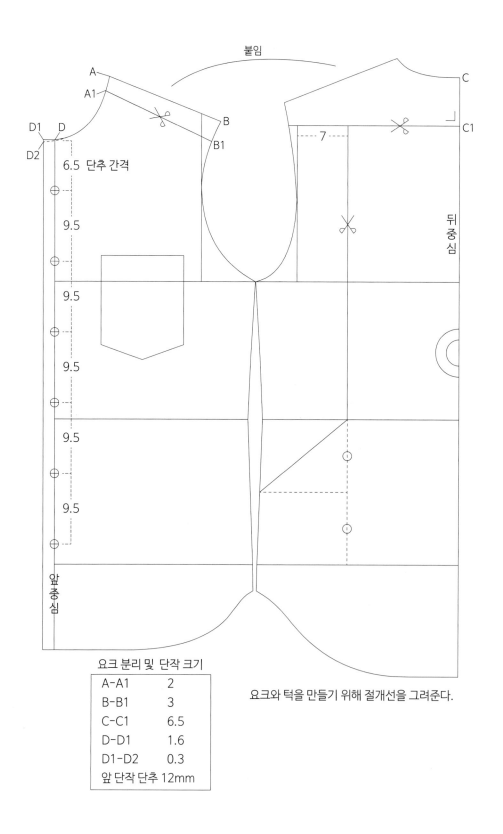

붙임

A
A1
B
B1
D1 D
D2
6.5 단추 간격
9.5
9.5
9.5
9.5
9.5

앞중심

C
C1
7
뒤중심

요크 분리 및 단작 크기

A-A1	2
B-B1	3
C-C1	6.5
D-D1	1.6
D1-D2	0.3
앞 단작 단추 12mm	

요크와 턱을 만들기 위해 절개선을 그려준다.

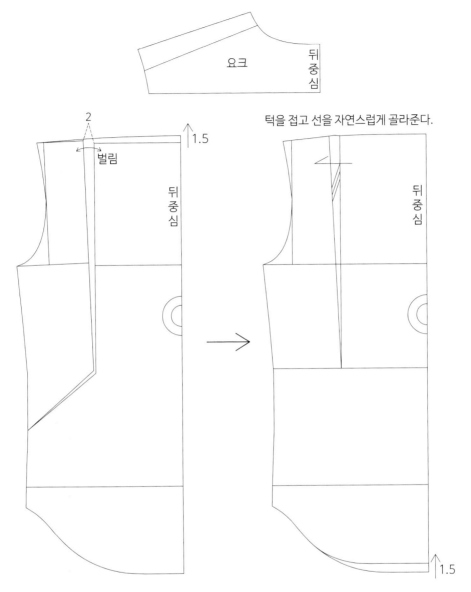

요크

뒤중심

2

벌림

1.5

뒤중심

턱을 접고 선을 자연스럽게 골라준다.

뒤중심

1.5

턱 분량 2cm, 입체량 1.5cm 를 부여한다.

입체량 부여로 인해 늘어난 기장을 줄여준다.

뒤판 턱 삽입 및 입체량 부여

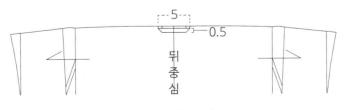

5

0.5

뒤중심

뒤중심 셔츠 고리

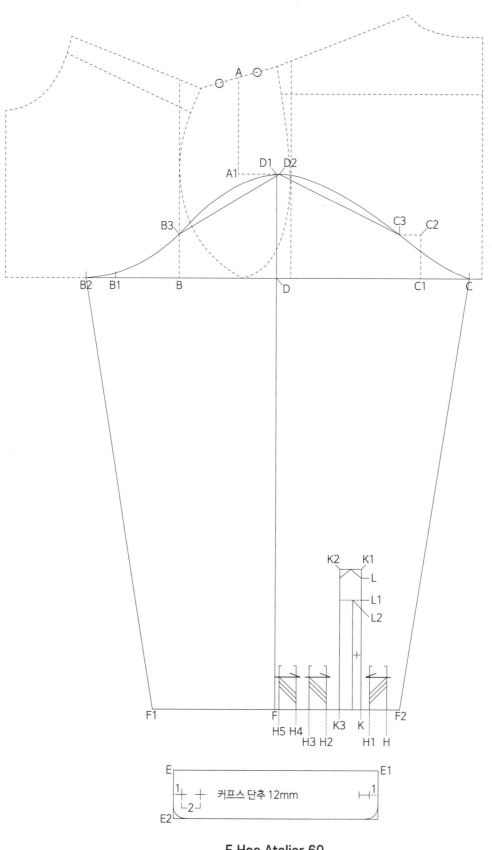

A		양 어깨를 이은 선의 중간 점
A-A1	11	A1에서 가로로 수평선을 그려준다
B-B1	7.5	앞 겹품
B1-B2	3.5	
B2-C	45	소매통
D	B2-C 중간 점	소매통 중간 점
D1	D 에서 수직으로 올라간 선과 A1에서 그린 가로 수평선이 만나는 점	
D1-D2	0.3	
C-C1	5.7	뒤 겹품
C1-C2	5	
C2-C3	2.5	
B-B3	5	
B3-D2	직선 연결	소매 머리 자연스럽게 연결
C3-D2	직선 연결	소매 머리 자연스럽게 연결
E-E2	5.5	커프스 폭
E-E1	24	커프스 소매 부리
D1-F	61	
F-F1, F-F2	14.5	커프스(24) + 주름(6) - 트임 겹침(1)
F2-H	1.5	
H-H1	2	주름
H1-K	1	
K-K1	16	
K1-K2	2.5	
K1-L	1	
K1-L1	3.5	
L1-L2	1	견보루 트임 겹침분
K3-H2	1.5	
H2-H3	2	주름
H3-H4	1.5	
H4-H5	2	주름

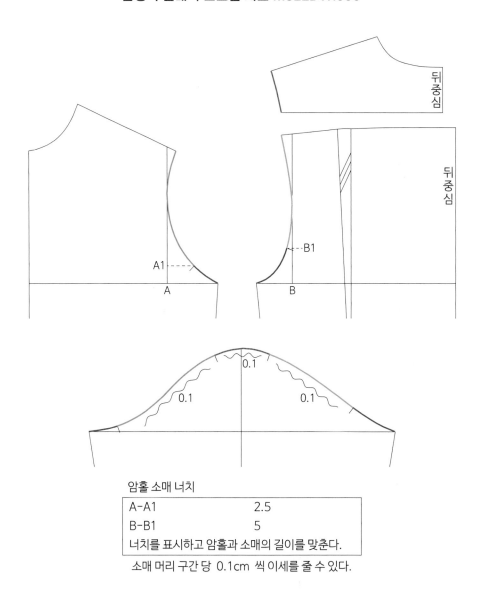

뒤중심

뒤중심

A1

A

B1

B

0.1

0.1

0.1

암홀 소매 너치

A-A1	2.5
B-B1	5

너치를 표시하고 암홀과 소매의 길이를 맞춘다.

소매 머리 구간 당 0.1cm 씩 이세를 줄 수 있다.

소매 머리를 내리거나 올려서 암홀과 소매 길이를 맞출 수 있다.

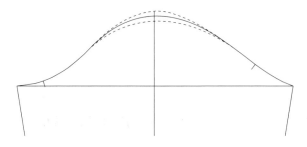

소매 길이 유지를 위해 소매 머리를 내리거나 올린 만큼 소매 기장을 조절해준다.

남성복 클래식 스트랩 셔츠 MS22DVN005

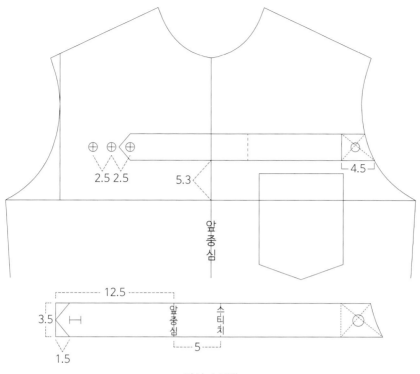

2.5 2.5

5.3

4.5

앞중심

12.5

3.5

앞중심 스티치

5

1.5

장식 스트랩

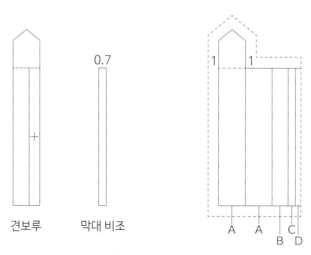

0.7

1 1

A A B D
   C

견보루   막대 비조

견보루와 막대 비조를 따로 봉제할 수 있다.   일체형으로 한번에 봉제할 수 있다.

일체형 견보루 시접

A	2.5	견보루 두께
B	1.5	A-B = 견보루 트임 겹침분
C	0.7	막대 비조 두께
D	0.5	막대 속 시접
견보루 트임 단추 9mm		

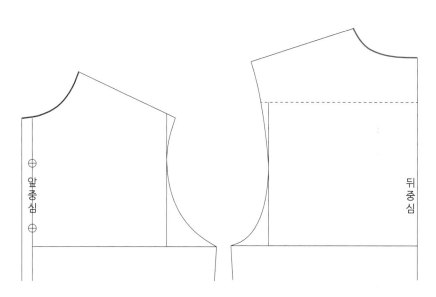

셔츠 카라 제도를 위해 뒷목, 앞목 길이(단작포함)를 잰다.

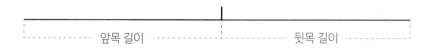

1.5cm, 0.5cm 각도를 주고 곡선으로 자연스럽게 카라 밑선을 그린다.

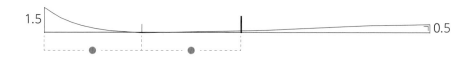

밴드 카라 제작

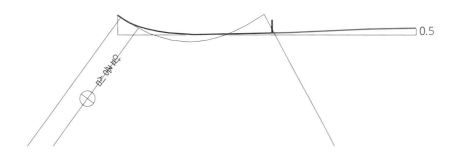

길이를 맞추어 옆목 너치를 주고 밴드 카라 밑선에 앞판을 맞추어보아 밴드 끝 각도를 잡는다.

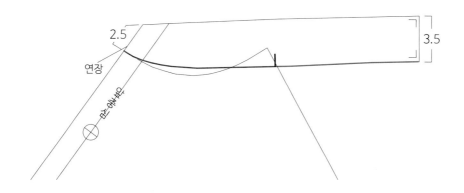

각도를 맞추고 앞판 단작 끝선과 앞중심 선을 연장하여 밴드 앞선을 그린다.

밴드 카라 제작

0.4

밴드 앞을 굴려준다.

뒤중심

0.2

앞중심 선에서 0.4 들어와 카라 너치를 준다

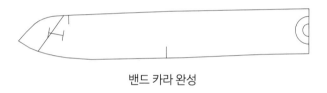

밴드 카라 완성

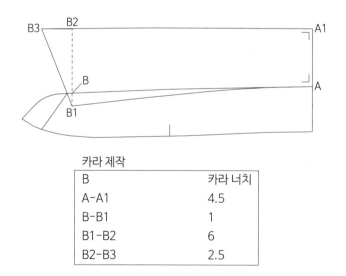

카라 제작

B	카라 너치
A-A1	4.5
B-B1	1
B1-B2	6
B2-B3	2.5

카라 제작

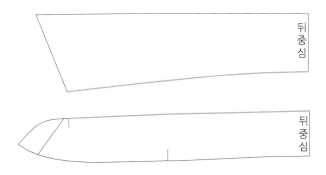

밴드와 카라의 봉제되는 곳의 길이를 체크한다.

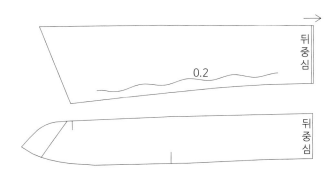

카라에 0.2cm 이세를 준다. 부족할 경우 길이를 늘려 이세 양을 확보한다.

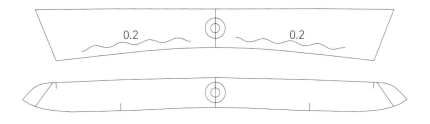

카라 완성

남성복 클래식 스트랩 셔츠 MS22DVN005

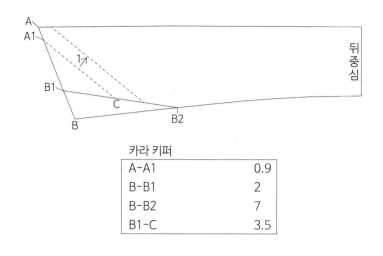

카라 키퍼

A-A1	0.9
B-B1	2
B-B2	7
B1-C	3.5

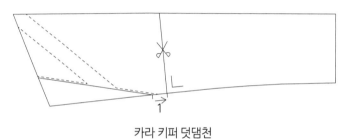

카라 키퍼 덧댐천

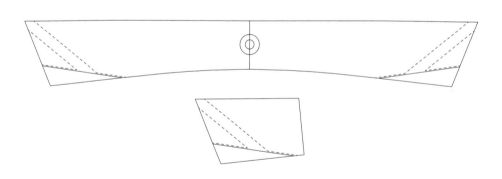

필요에 따라 카라 키퍼를 만들어 줄 수 있다.

카라 키퍼

E.Hoo Atelier 68

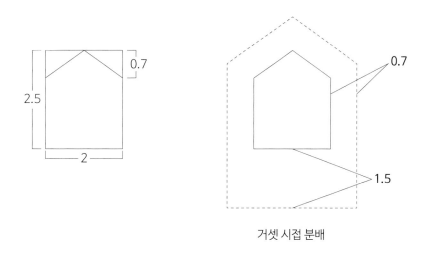

거셋 시접 분배

와끼 밑단에 거셋을 달 수 있다.

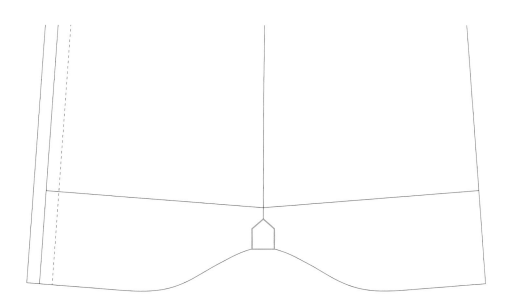

거셋

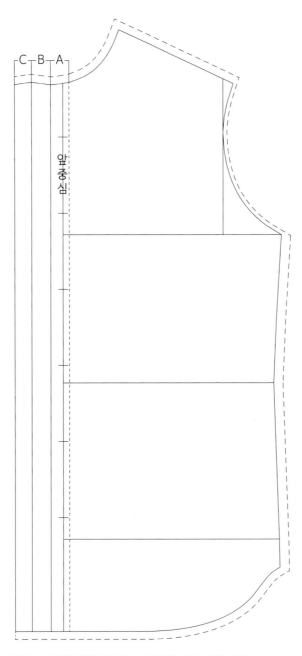

앞판 시다(밑) 방향 (착장 시 오른쪽) 단작 시접 분배

A	2.5	스티치
B	2.6	시접
C	2.3	속으로 들어가는 시접

남성복 클래식 스트랩 셔츠 MS22DVN005

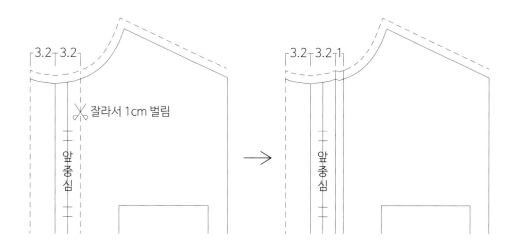

앞판 우아(위) 방향 (착장 시 왼쪽) 단작 시접 분배

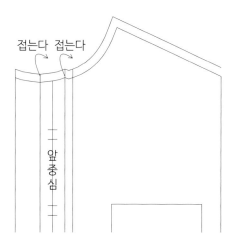

앞판 우아(위) 방향 (착장 시 왼쪽) 단작 제작

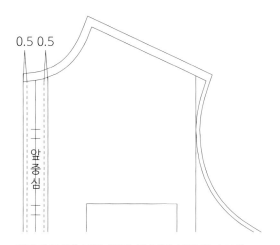

앞판 우아(위) 방향 (착장 시 왼쪽) 단작 위 스티치

E.Hoo Atelier 71

남성복 세미 오버사이즈 셔츠 MS21U001

기준 사이즈	남성복 세미 오버사이즈 셔츠 MS21U001						
(가슴둘레/2)	42	44	46	48	50	52	54
가슴 둘레	108	112	116	120	124	128	132
어깨 너비	48.5	50	51.5	53	54.5	56	57.5
기장	75	76	77	78	79	80	81
소매통	44	45	46	47	48	49	50
소매기장	59	59.5	60	60.5	61	61.5	62

※ 기장은 뒷목점을 기준으로 밑단까지 잰 길이입니다.
※ 가슴둘레 여유량에 따라 핏감이 달라질 수 있습니다.

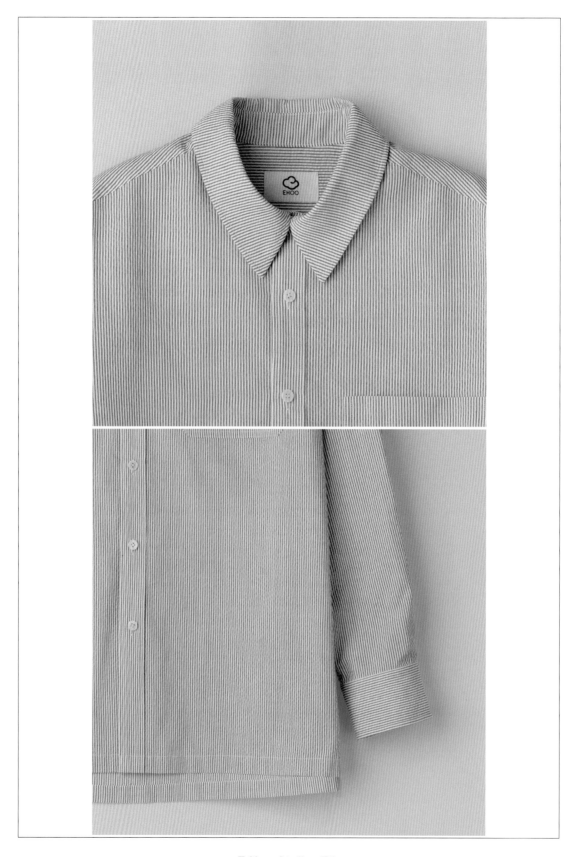

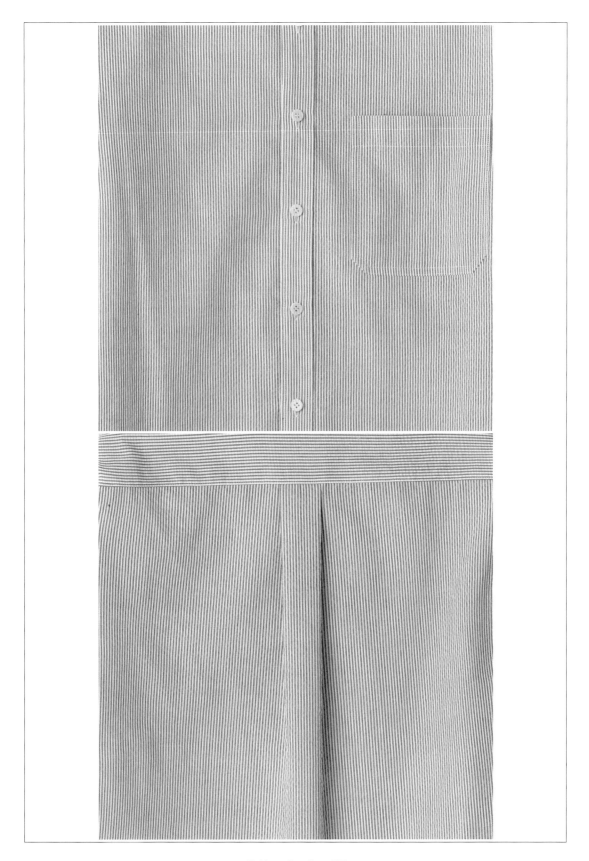

남성복 세미 오버사이즈 셔츠 MS21U001

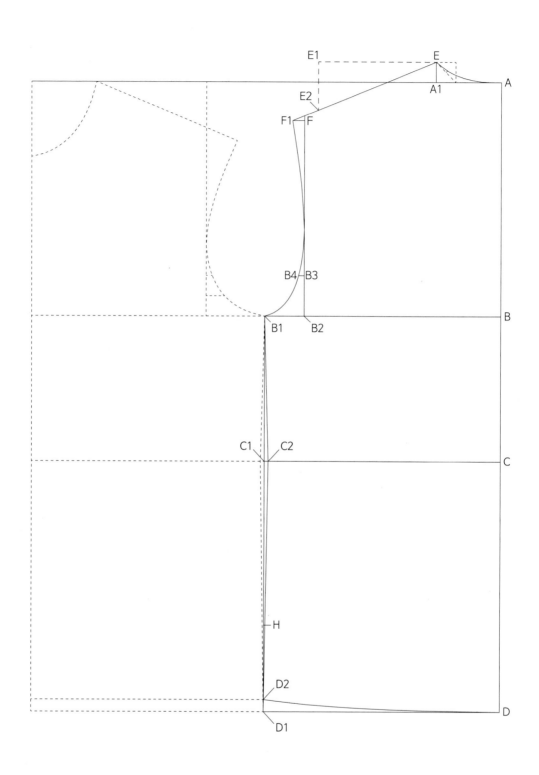

A-B	29	
A-C	47	
C-D	31	
B-B1	30	뒤판 가슴 값
B-B2	25	뒤품 값
C1-C2	0.5	
D1-D2	1.5	D2에서 뒤판 밑단 자연스럽게 연결
A-A1	8.3	
A1-E	2.5	
E-E1	15	
E1-E2	6	어깨 각도
E-E2	직선 연결	
F-F1	1.5	
B2-B3	5	
B3-B4	0.7	
D2-H	8.5	트임

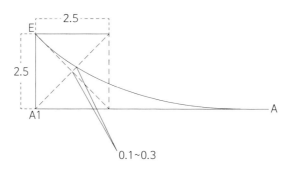

뒷목선을 그릴때 정사각형을 그리고, 중간 지점에서 0.1~0.3 구간을 지나게 그린다

남성복 세미 오버사이즈 셔츠 MS21U001

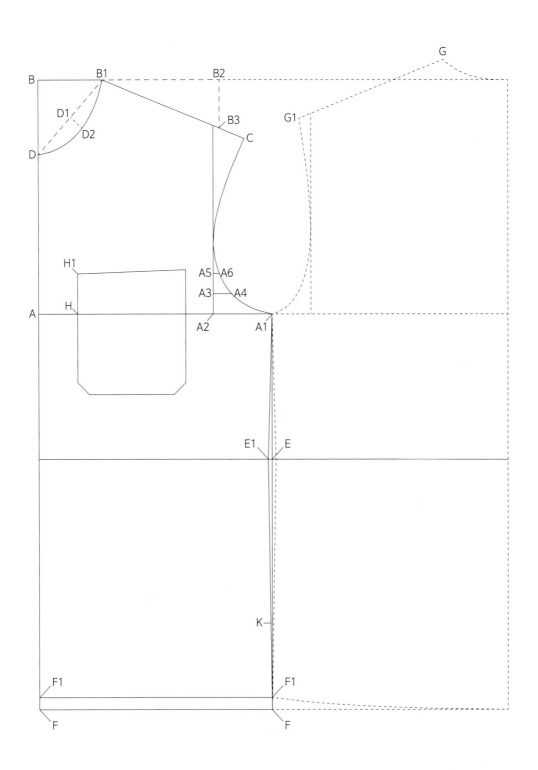

A-A1	30	앞판 가슴 값
A-A2	22.5	앞품 값
B-B1	8.3	
B1-B2	15	어깨 각도
B2-B3	6	
B1-B3	직선 연결	
B1-C	G-G1	뒤판의 어깨 길이와 동일
B-D	9.5	
B1-D	직선 연결	중간 점 D1
D1-D2	2	
A2-A3	2.5	
A3-A4	2.4	
A2-A5	5	
A5-A6	0.8	
E-E1	0.5	
F-F1	1.5	
A-H	5	
H-H1	5	
F1-K	8.5	트임

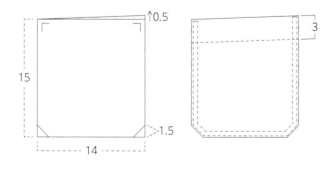

가슴 포켓(착장 시 왼쪽)

남성복 세미 오버사이즈 셔츠 MS21U001

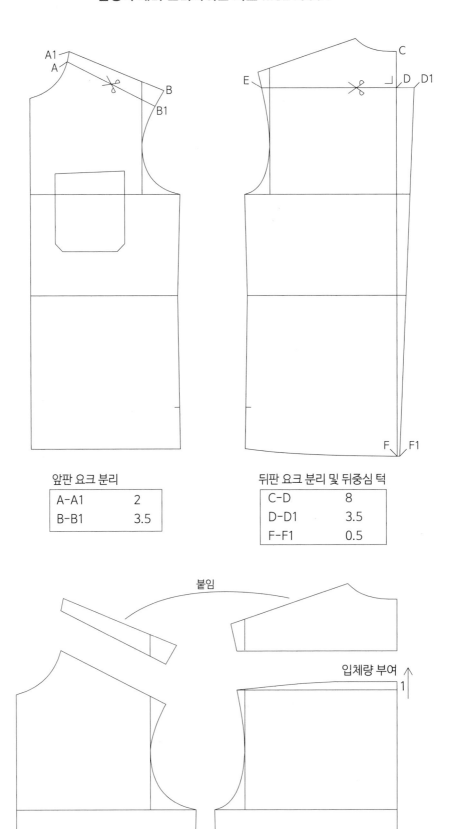

앞판 요크 분리

A-A1	2
B-B1	3.5

뒤판 요크 분리 및 뒤중심 턱

C-D	8
D-D1	3.5
F-F1	0.5

붙임

입체량 부여

1

남성복 세미 오버사이즈 셔츠 MS21U001

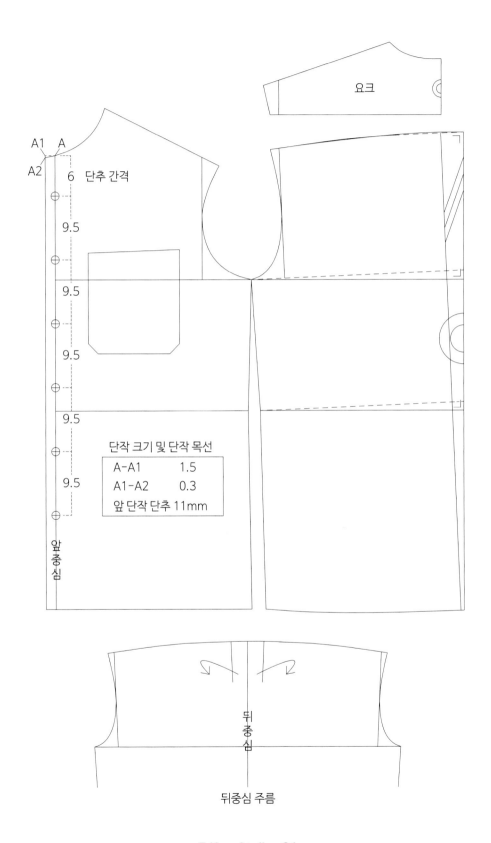

요크

A1 A
A2
6 단추 간격

9.5

9.5

9.5

9.5

9.5

단작 크기 및 단작 목선

A-A1	1.5
A1-A2	0.3
앞 단작 단추 11mm	

앞중심

뒤중심

뒤중심 주름

남성복 세미 오버사이즈 셔츠 MS21U001

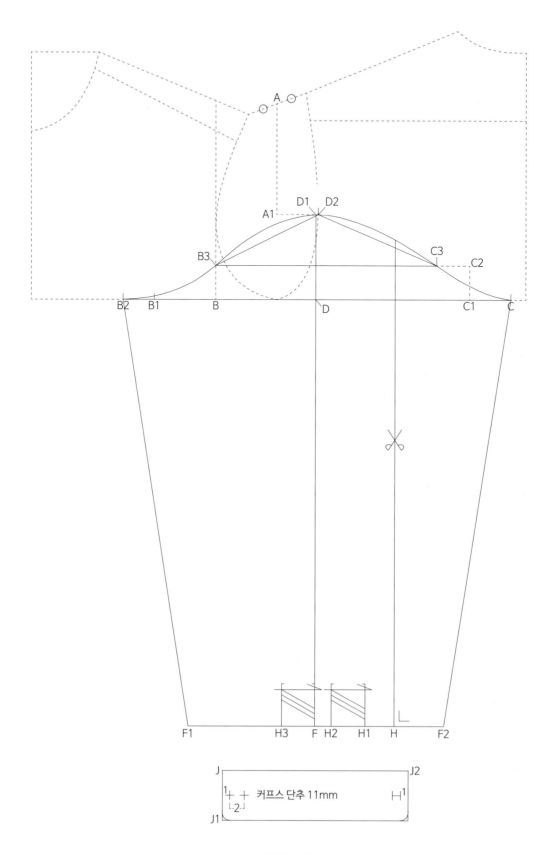

커프스 단추 11mm

E.Hoo Atelier 82

남성복 세미 오버사이즈 셔츠 MS21U001

A	양 어깨를 이은 선의 중간 점	
A-A1	13	A1에서 가로로 수평선을 그려준다
B-B1	7.5	앞 겹품
B1-B2	3.8	
B2-C	47	소매통
D	B2-C 중간 점	소매통 중간 점
D1	D 에서 수직으로 올라간 선과 A1에서 그린 가로 수평선이 만나는 점	
D1-D2	0.3	
C-C1	5	뒤 겹품
C1-C2	4	
C2-C3	4	
B-B3	4	
B3-D2	직선 연결	소매 머리 자연스럽게 연결
C3-D2	직선 연결	소매 머리 자연스럽게 연결
J-J1	6.5	커프스 폭
J-J2	25	커프스 소매 부리
D1-F	54	
F-F1, F-F2	15.5	커프스(25) + 주름(4) + 주름(4) - 트임 겹침(2)
F2-H	6	트임
H-H1	3.5	
H1-H2	4	주름
F-H3	4	주름

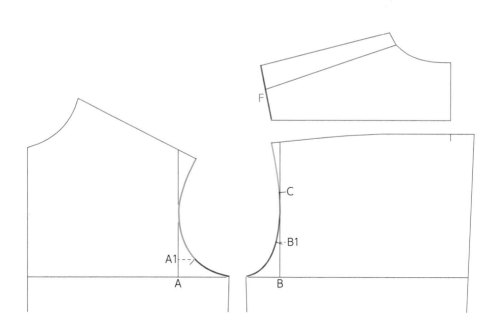

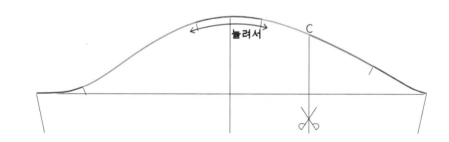

암홀 소매 너치

A-A1	2.5
B-B1	5
C	소매 트임 절개 너치점

너치를 표시하고 암홀과 소매의 길이를 맞춘다.

소매 머리를 0.3 cm ~ 0.8 cm 늘려 박을 수 있다.

남성복 세미 오버사이즈 셔츠 MS21U001

소매 머리를 내리거나 올려서 암홀과 소매 길이를 맞출 수 있다.

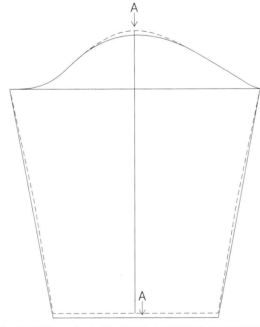

소매 길이 유지를 위해, 소매 머리를 내리거나 올린 만큼 소매 기장을 조절해준다.

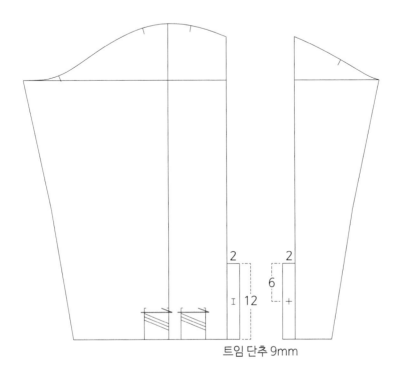

트임 단추 9mm

남성복 세미 오버사이즈 셔츠 MS21U001

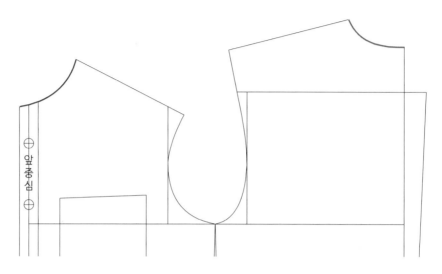

셔츠 카라 제도를 위해 뒷목 길이, 앞목 길이(단작포함)를 잰다.

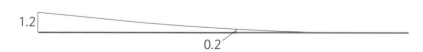

1.2cm 각도를 주고 곡선으로 자연스럽게 카라 밑선을 그린다.

밴드 카라 제작

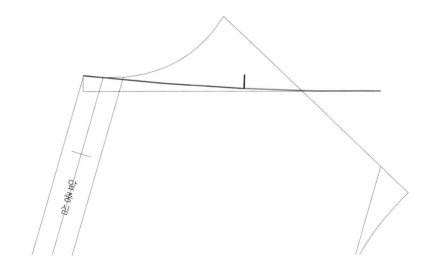

길이를 맞추어 옆목 너치를 주고 밴드 카라 밑선에 앞판을 맞추어보아 밴드 끝 각도를 잡는다.

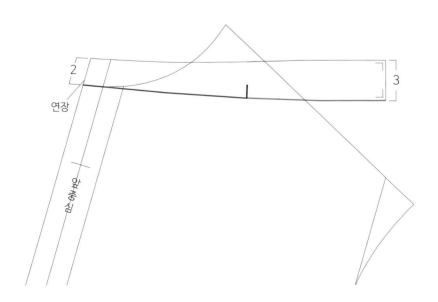

각도를 맞추고 앞판 단작 끝선과 앞중심 선을 연장하여 밴드 앞선을 그린다.

밴드 카라 제작

남성복 세미 오버사이즈 셔츠 MS21U001

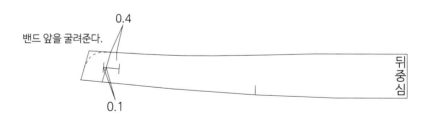

밴드 앞을 굴려준다.

0.4

0.1

뒤중심

앞중심 선에서 0.4 들어와 카라 너치를 준다

밴드 카라 완성

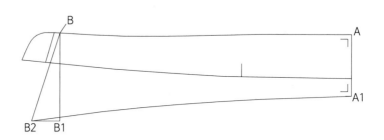

카라 제작

B	카라 너치
A-A1	4.2
B-B1	6
B1-B2	2

카라 제작

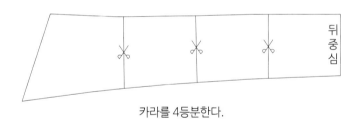

카라를 4등분한다.

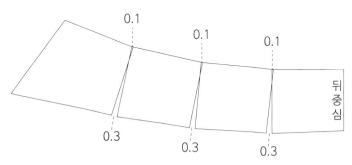

밴드와 봉제되는 부분은 0.1 씩 집어주고, 카라의 외경은 0.3씩 벌려준다.

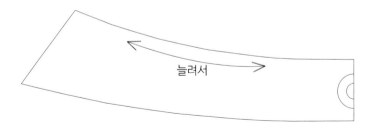

밴드와 봉제되는 부분을 0.3 늘려 박는다.

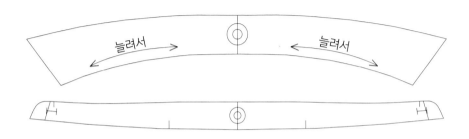

카라 완성

남성복 세미 오버사이즈 셔츠 MS21U001

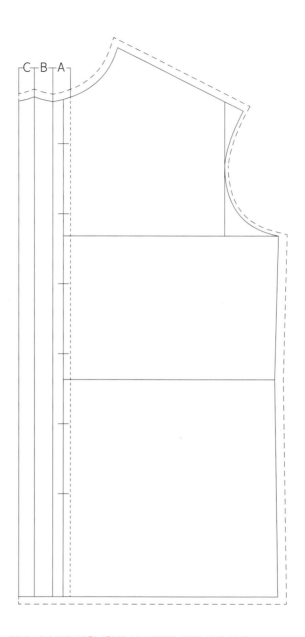

앞판 시다(밑) 방향 (착장 시 오른쪽) 단작 시접 분배

A	2.5	스티치
B	2.6	시접
C	2.3	속으로 들어가는 시접

남성복 세미 오버사이즈 셔츠 MS21U001

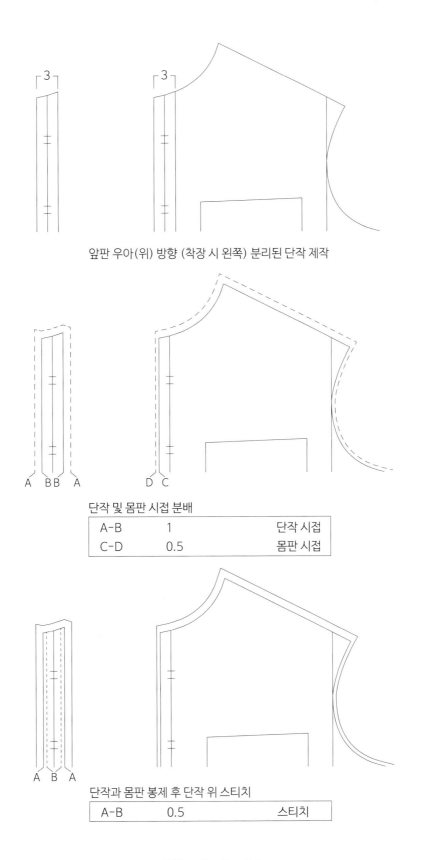

앞판 우아(위) 방향 (착장 시 왼쪽) 분리된 단작 제작

단작 및 몸판 시접 분배

A-B	1	단작 시접
C-D	0.5	몸판 시접

단작과 몸판 봉제 후 단작 위 스티치

A-B	0.5	스티치

남성복 하와이안 오픈 칼라 셔츠 MS22U_J008

기준 사이즈	남성복 하와이안 오픈 칼라 셔츠 MS22U_J008						
(가슴둘레/2)	42	44	46	48	50	52	54
가슴 둘레	108	112	116	120	124	128	132
어깨 너비	48.5	50	51.5	53	54.5	56	57.5
기장	72.5	73.5	74.5	75.5	76.5	77.5	78.5
소매통	44	45	46	47	48	49	50
소매기장	24.5	25	25.5	26	26.5	27	27.5

※ 기장은 뒷목점을 기준으로 밑단까지 잰 길이입니다.
※ 가슴둘레 여유량에 따라 핏감이 달라질 수 있습니다.

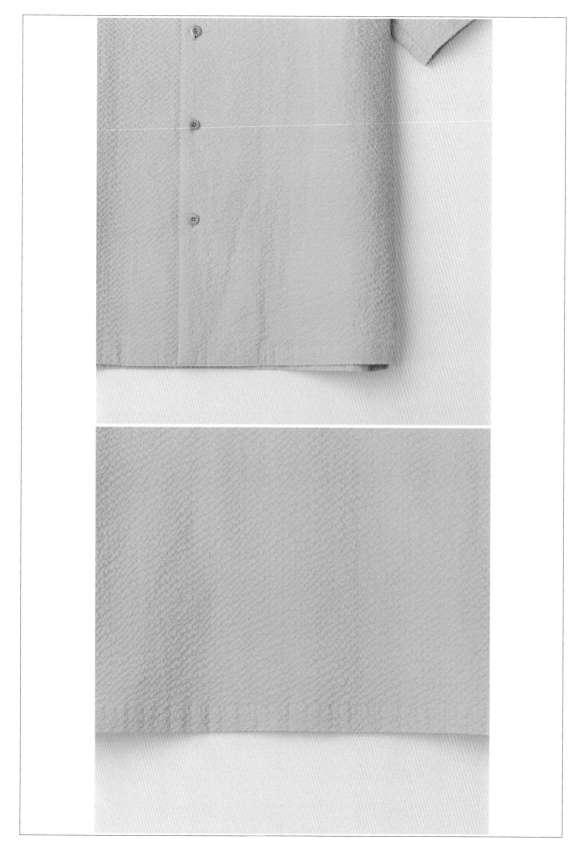

남성복 하와이안 오픈 칼라 셔츠 MS22U_J008

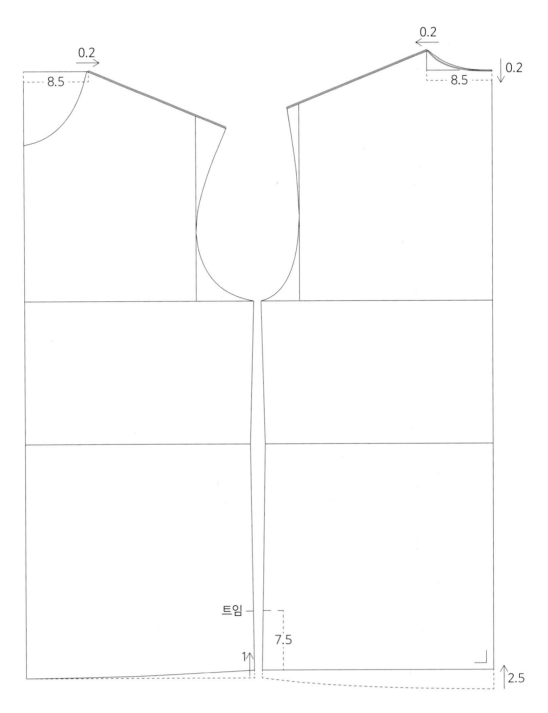

남성복 세미 오버사이즈 셔츠 패턴을 활용하여 작업한다.

목을 0.2cm 넓힌다.

E.Hoo Atelier 96

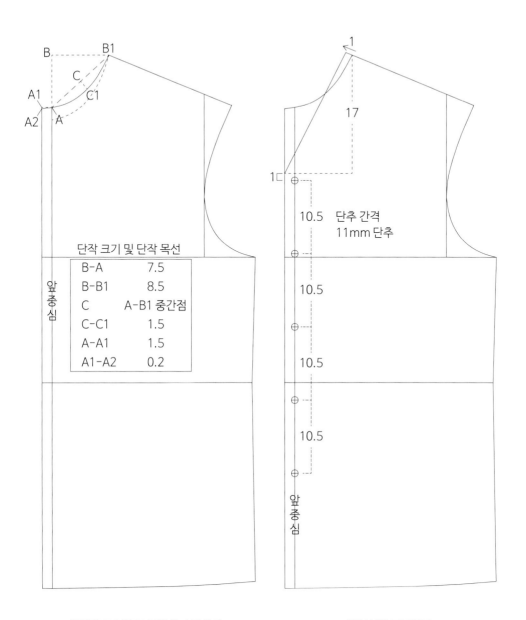

단작 크기 및 단작 목선

B–A	7.5
B–B1	8.5
C	A–B1 중간점
C–C1	1.5
A–A1	1.5
A1–A2	0.2

단작을 그려주고 목값을 수정한다.

꺾임선을 그려준다.

앞판 패턴 수정

남성복 하와이안 오픈 칼라 셔츠 MS22U_J008

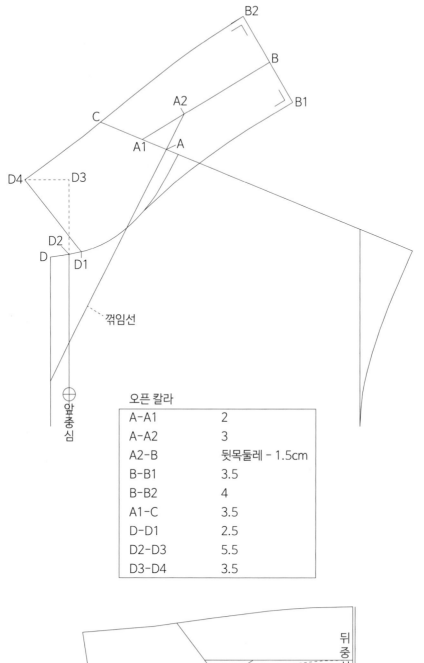

꺾임선

앞중심

오픈 칼라

A-A1	2
A-A2	3
A2-B	뒷목둘레 - 1.5cm
B-B1	3.5
B-B2	4
A1-C	3.5
D-D1	2.5
D2-D3	5.5
D3-D4	3.5

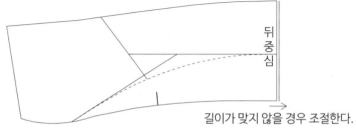

뒤중심

길이가 맞지 않을 경우 조절한다.

앞목, 뒷목 길이를 맞추어 옆목 너치를 준다.

남성복 하와이안 오픈 칼라 셔츠 MS22U_J008

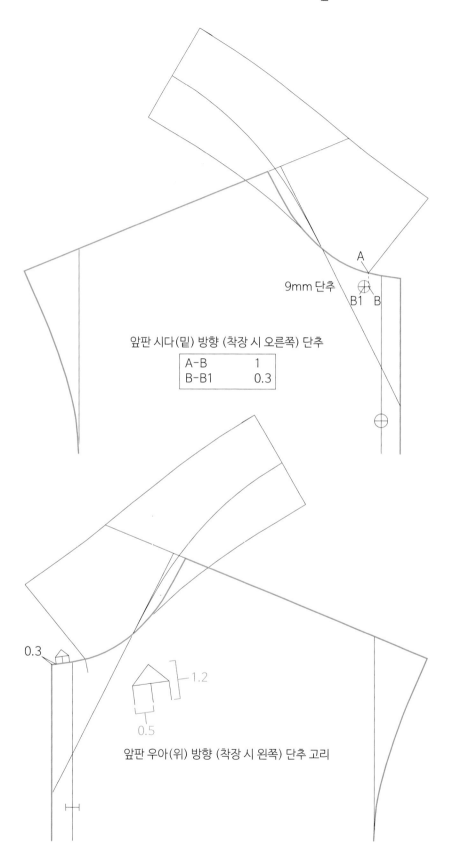

9mm 단추

앞판 시다(밑) 방향 (착장 시 오른쪽) 단추

A-B	1
B-B1	0.3

0.3

1.2

0.5

앞판 우아(위) 방향 (착장 시 왼쪽) 단추 고리

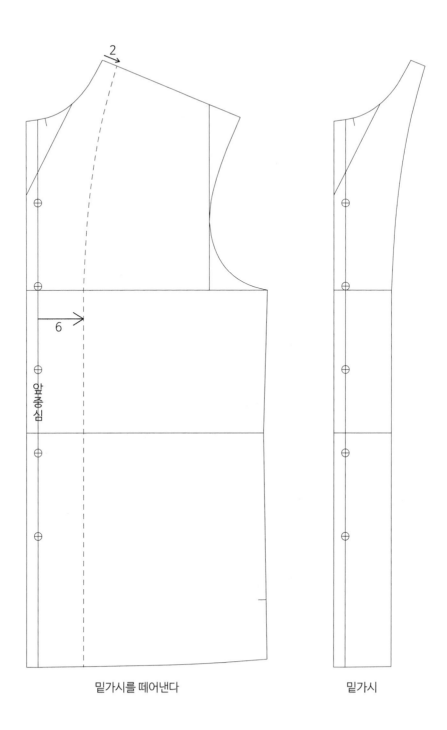

밑가시를 떼어낸다

밑가시

앞중심

밑가시 제작

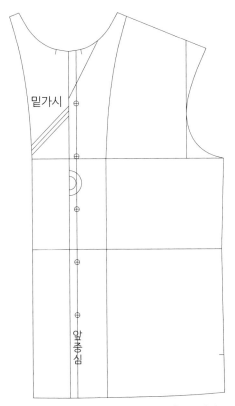

밑가시

밑가시를 붙여 골선으로 접어 사용할 수 있다.

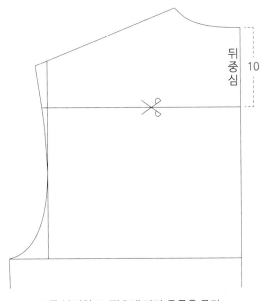

요크를 분리하고, 필요에 따라 주름을 준다.

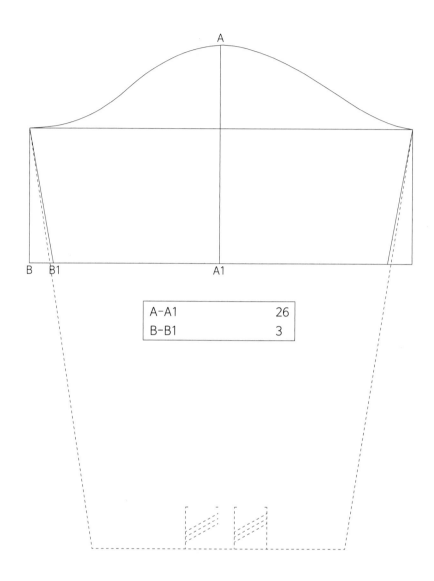

A-A1	26
B-B1	3

남성복 세미 오버사이즈 셔츠 소매 패턴을 활용하여 작업한다.

반팔 소매 제작

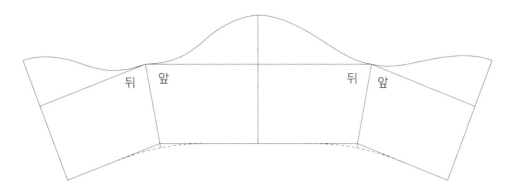

소매 앞쪽과 뒤쪽을 마주대고 밑단을 자연스럽게 굴려준다.

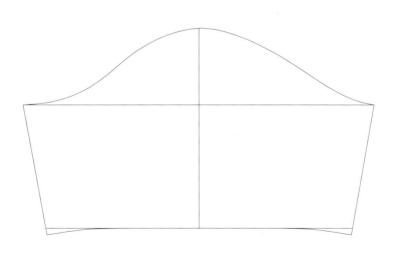

소매 밑단 완성

반팔 소매 제작

남성복 오버사이즈 셔츠 MS22I006

기준 사이즈	남성복 오버사이즈 셔츠 MS22I006						
(가슴둘레/2)	42	44	46	48	50	52	54
가슴 둘레	126	130	134	138	142	146	150
어깨 너비	56.5	58	59.5	61	62.5	64	65.5
기장	81	82	83	84	85	86	87
소매통	49	50	51	52	53	54	55
소매기장	64	64.5	65	65.5	66	66.5	67

※ 기장은 뒷목점을 기준으로 밑단까지 잰 길이입니다.
※ 가슴둘레 여유량에 따라 핏감이 달라질 수 있습니다.

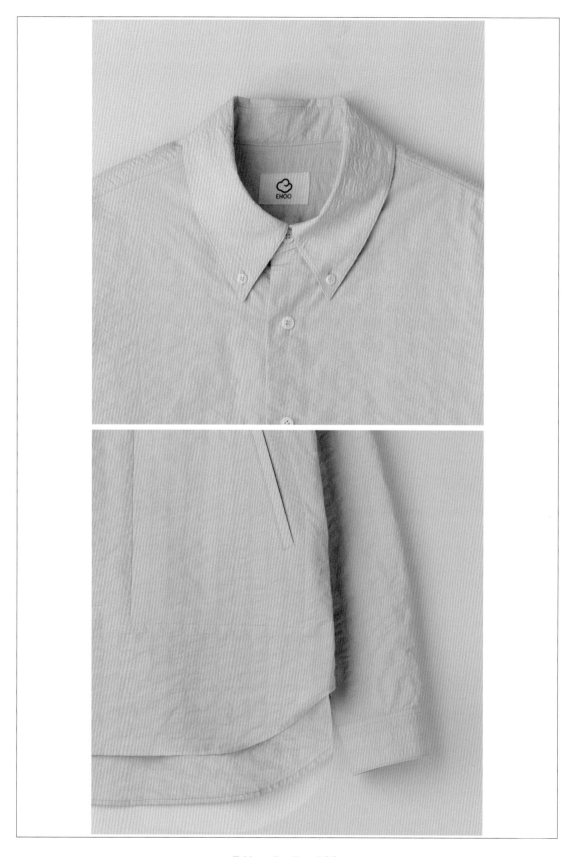

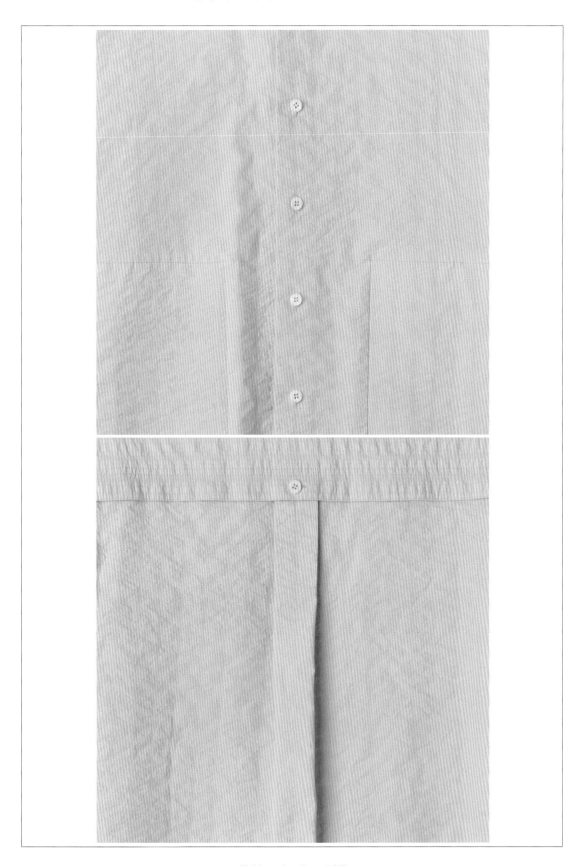

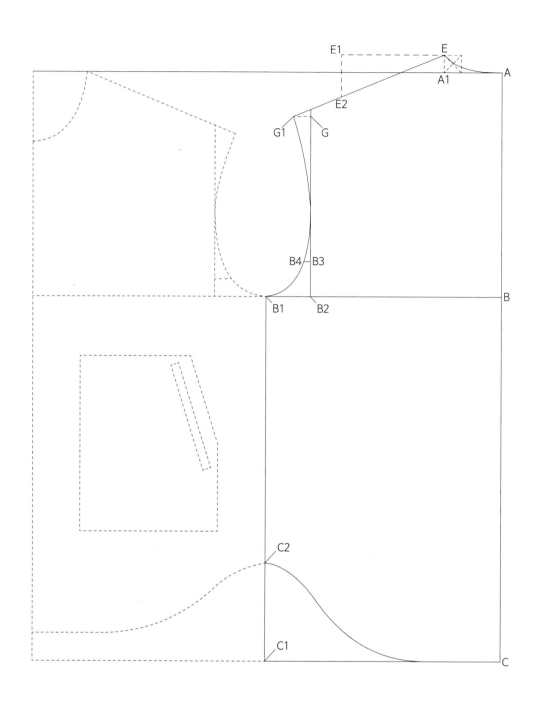

A-B	32	
B-C	52	
B-B1	34.5	뒤판 가슴 값
B-B2	28	뒤품 값
C1-C2	14	C2 에서 뒤판 밑단 자연스럽게 연결
A-A1	8.5	
A1-E	2.5	
E-E1	15	
E1-E2	6	어깨 각도
E-E2	직선 연결	
G-G1	2.5	
B2-B3	5	
B3-B4	1	

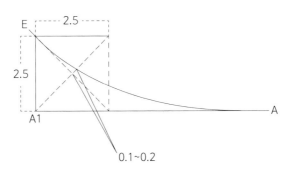

뒷목선을 그릴때 사각 정사각형을 그리고, 중간 지점에서 0.1~0.2 구간을 지나게 그린다

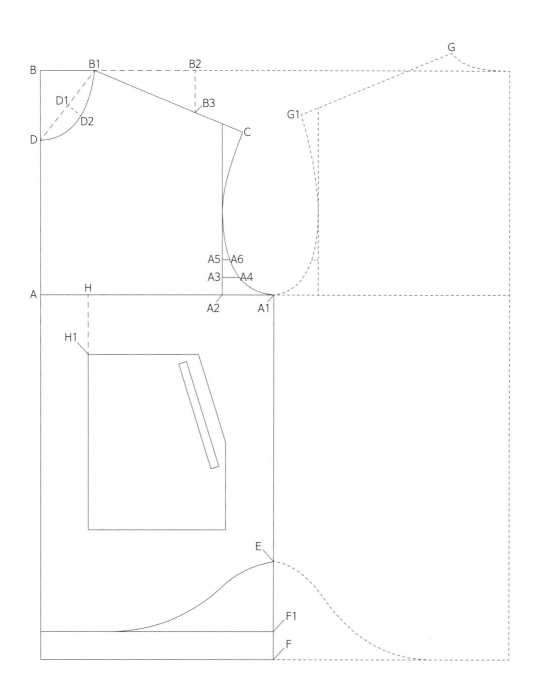

A-A1	34.5	앞판 가슴 값
A-A2	27	앞품 값
B-B1	8	
B1-B2	15	어깨 각도
B2-B3	6	
B1-B3	직선 연결	
B1-C	G-G1	뒤판의 어깨 길이와 동일
B-D	10	
B1-D	직선 연결	중간 점 D1
D1-D2	2.5	
A2-A3	2.5	
A3-A4	2.5	
A2-A5	5	
A5-A6	1.1	
F-F1	4	
F-E	14	E 에서 앞판 밑단 자연스럽게 연결
A-H	7	
H-H1	8.5	

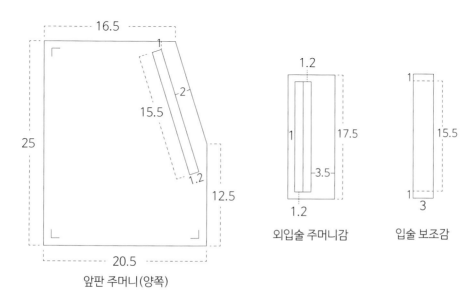

앞판 주머니(양쪽)

외입술 주머니감

입술 보조감

남성복 오버사이즈 셔츠 MS22I006

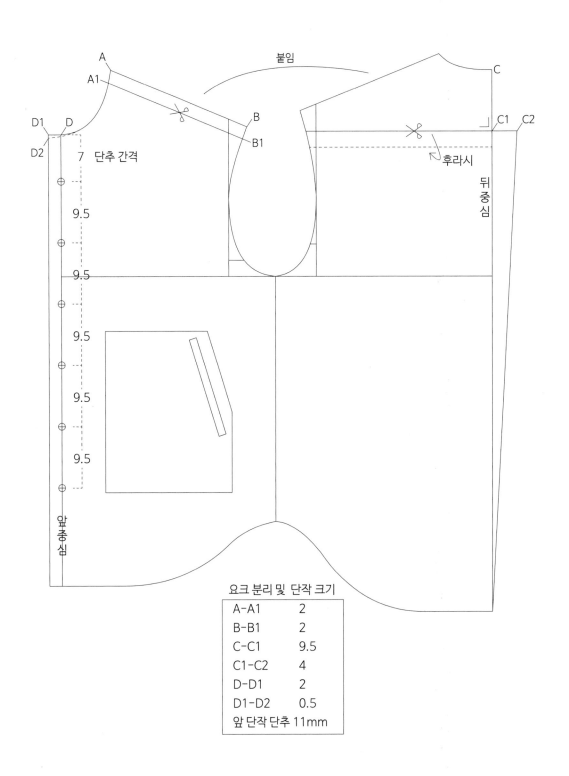

붙임

A
A1

D1 D
D2

7 단추 간격

9.5

9.5

9.5

9.5

9.5

9.5

앞총심

B
B1

C
C1 C2

후라시

뒤중심

요크 분리 및 단작 크기

A-A1	2
B-B1	2
C-C1	9.5
C1-C2	4
D-D1	2
D1-D2	0.5
앞 단작 단추 11mm	

남성복 오버사이즈 셔츠 MS22I006

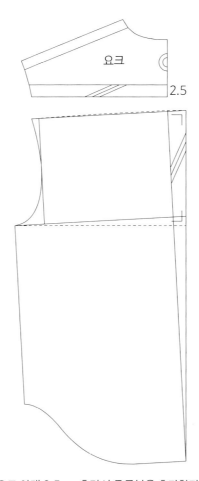

요크

2.5

요크 아래 2.5cm 후라시 주름분을 추가한다.

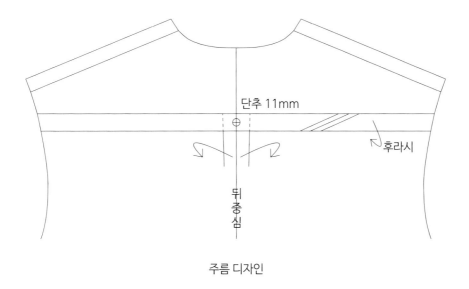

단추 11mm

후라시

뒤
중
심

주름 디자인

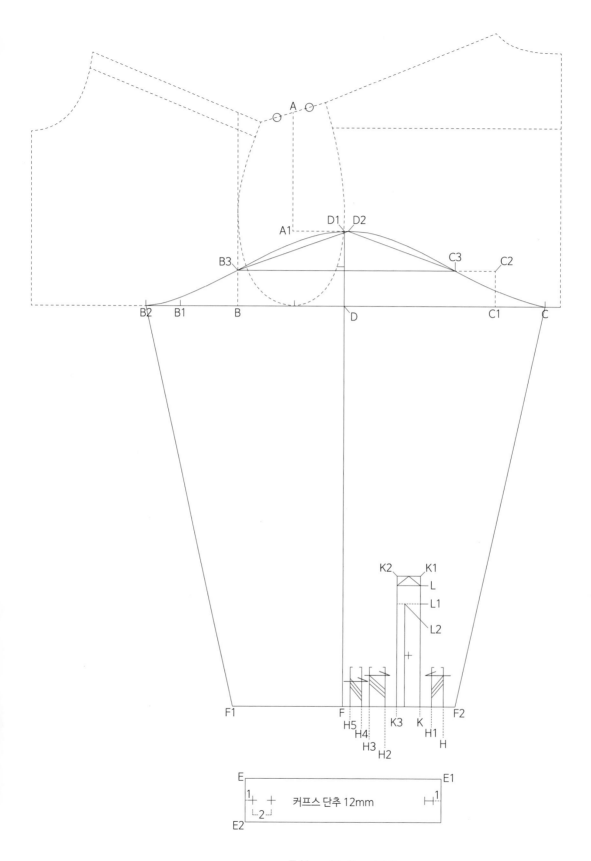

커프스 단추 12mm

남성복 오버사이즈 셔츠 MS22I006

A		양 어깨를 이은 선의 중간 점
A-A1	15	A1에서 가로로 수평선을 그려준다
B-B1	7.5	앞 겹품
B1-B2	4.5	
B2-C	52	소매통
D	B2-C 중간 점	소매통 중간 점
D1	D 에서 수직으로 올라간 선과 A1에서 그린 가로 수평선이 만나는 점	
D1-D2	0.5	
C-C1	6.5	뒤 겹품
C1-C2	4.5	
C2-C3	5.2	
B-B3	4.5	
B3-D2	직선 연결	소매 머리 자연스럽게 연결
C3-D2	직선 연결	소매 머리 자연스럽게 연결
E-E2	5.5	커프스 폭
E-E1	25.5	커프스 소매 부리
D1-F	60	
F-F1, F-F2	14.25	커프스(25.5) + 주름(5) - 트임 겹침(2)
F2-H	1.5	
H-H1	1.5	주름
H1-K	1.5	
K-K1	16.5	
K1-K2	3	
K1-L	1.2	
K1-L1	3.5	
L1-L2	2	견보루 트임 겹침분
K3-H2	1.5	
H2-H3	2	주름
H3-H4	1	
H4-H5	1.5	주름

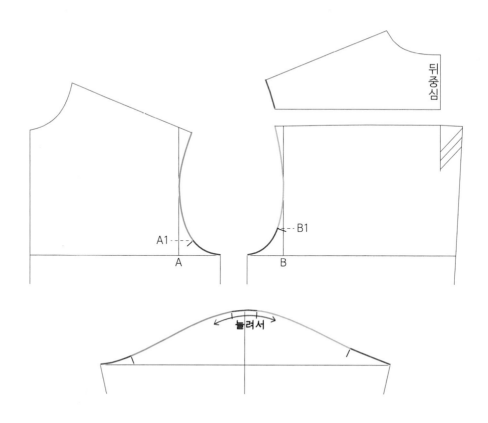

암홀 소매 너치

A-A1	2.5
B-B1	5
너치를 표시하고 암홀과 소매의 길이를 맞춘다.	

소매 머리를 0.3~0.7 cm 늘려 박을 수 있다.

소매 머리를 내리거나 올려서 암홀과 소매 길이를 맞출 수 있다.

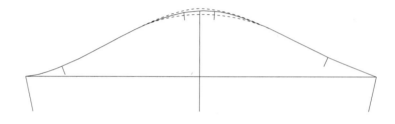

소매 길이 유지를 위해 소매 머리를 내리거나 올린 만큼 소매 기장을 조절해준다.

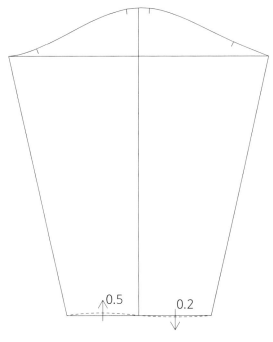

0.5   0.2

커프스와 봉제되는 소매 부리를 곡선으로 만들어 줄 수 있다.

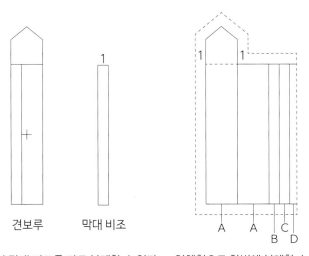

견보루   막대 비조

견보루와 막대 비조를 따로 봉제할 수 있다.   일체형으로 한번에 봉제할 수 있다.

일체형 견보루 시접

A	3	견보루 두께
B	1	A-B = 견보루 트임 겹침분
C	1	막대 비조 두께
D	0.7	막대 속 시접
견보루 트임 단추 9mm		

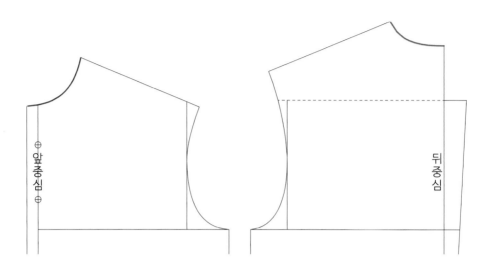

셔츠 카라 제도를 위해 뒷목 길이, 앞목 길이(단작포함)를 잰다.

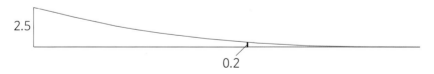

2.5cm 각도를 주고 곡선으로 자연스럽게 카라 밑선을 그린다.

밴드 카라 제작

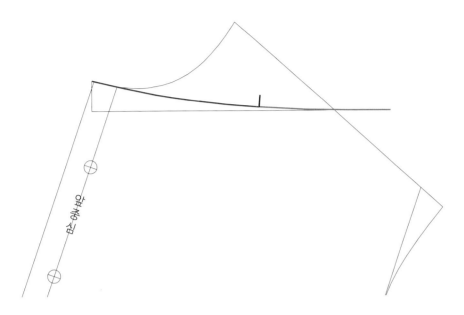

길이를 맞추어 옆목 너치를 주고 밴드 카라 밑선에 앞판을 맞추어보아 밴드 끝 각도를 잡는다.

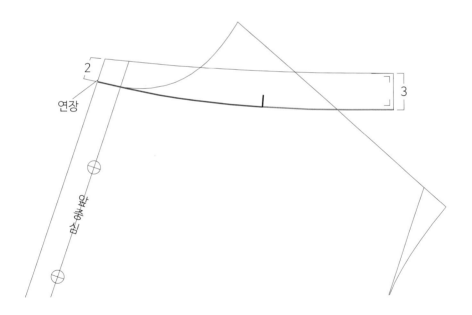

각도를 맞추고 앞판 단작 끝선과 앞중심 선을 연장하여 밴드 앞선을 그린다.

밴드 카라 제작

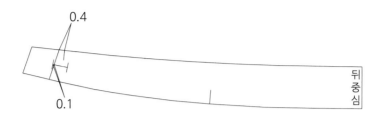

앞중심 선에서 0.4 들어와 카라 너치를 준다

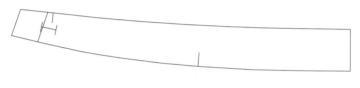

밴드 카라 완성

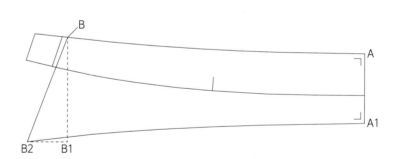

카라 제작

B	카라 너치
A-A1	5
B-B1	7.5
B1-B2	3

카라 제작

E.Hoo Atelier 120

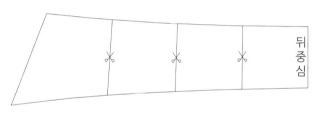

카라를 4등분한다.

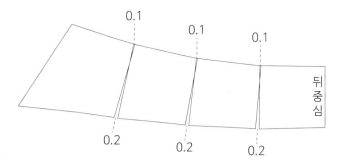

밴드와 봉제되는 부분은 0.1 씩 집어주고, 카라의 외경은 0.2씩 벌려준다.

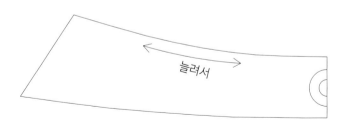

밴드와 봉제되는 부분을 0.3 늘려 박는다.

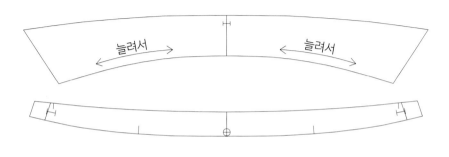

카라 완성

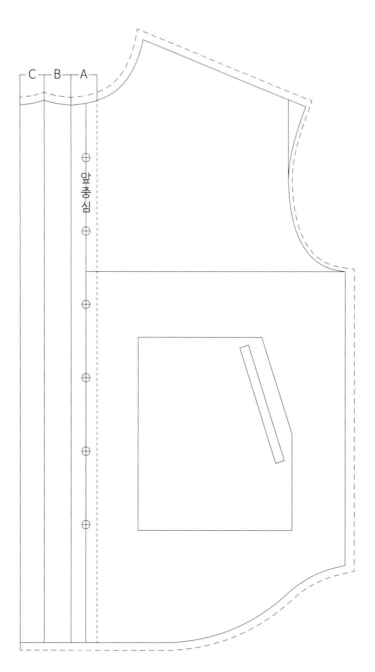

앞판 시다(밑) 방향 (착장 시 오른쪽) 단작 시접 분배

A	3.5	스티치
B	3.6	시접
C	3.3	속으로 들어가는 시접

남성복 오버사이즈 셔츠 MS22I006

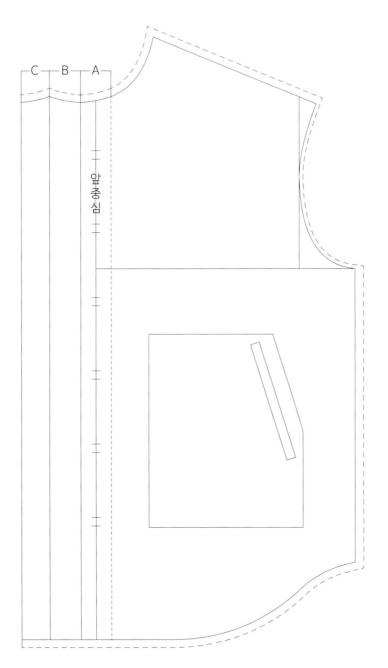

앞판 우아(위) 방향 (착장 시 왼쪽) 단작 시접 분배

A	4	스티치
B	4.1	시접
C	3.8	속으로 들어가는 시접

남성복 오버사이즈 셔츠 MS22I006

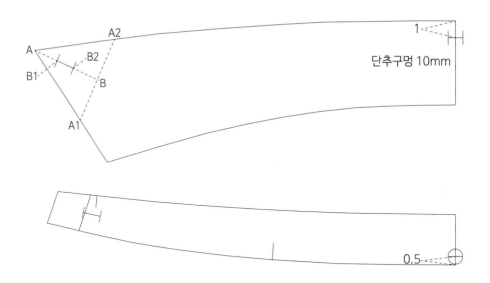

단추구멍 10mm

0.5

버튼 다운

버튼 다운	
A–A1, A–A2	5
B	A1–A2 중간 점
A–B1	1.5
B1–B2	1
버튼 다운 단추 9mm	

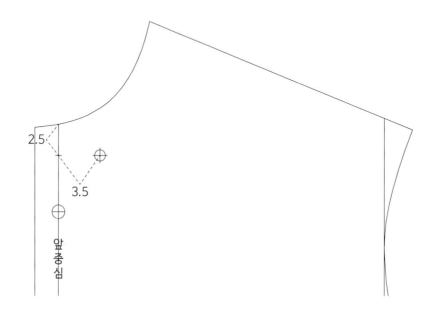

2.5

3.5

앞중심

버튼 다운

남성복 오버사이즈 셔츠 MS22I006

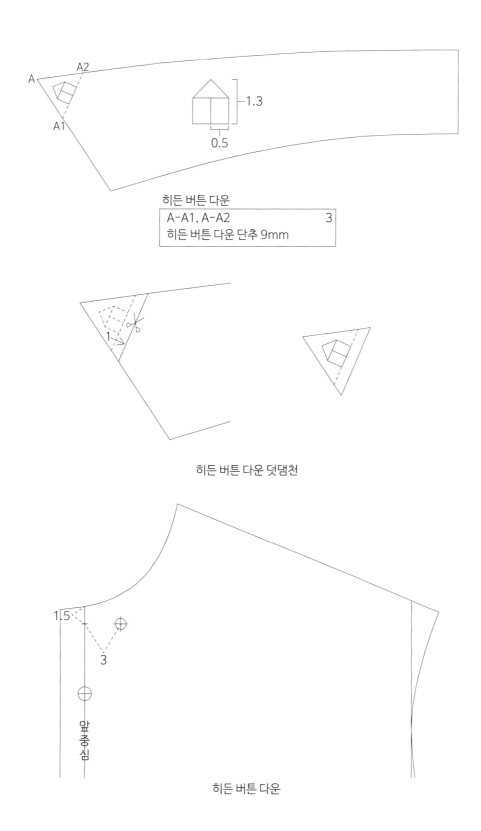

1.3

0.5

히든 버튼 다운

A-A1, A-A2	3
히든 버튼 다운 단추 9mm	

히든 버튼 다운 덧댐천

1

1.5

3

앞중심

히든 버튼 다운

기준 사이즈	남성복 래글런 후드 셔츠 MS22CO007						
(가슴둘레/2)	42	44	46	48	50	52	54
가슴 둘레	116	120	124	128	132	136	140
어깨 너비	45.5	47	48.5	50	51.5	53	54.5
기장	79.5	80.5	81.5	82.5	83.5	84.5	85.5
소매통	42	43	44	45	46	47	48
소매기장	66	66.5	67	67.5	68	68.5	69

※ 기장은 뒷목점을 기준으로 밑단까지 잰 길이입니다.
※ 가슴둘레 여유량에 따라 핏감이 달라질 수 있습니다.

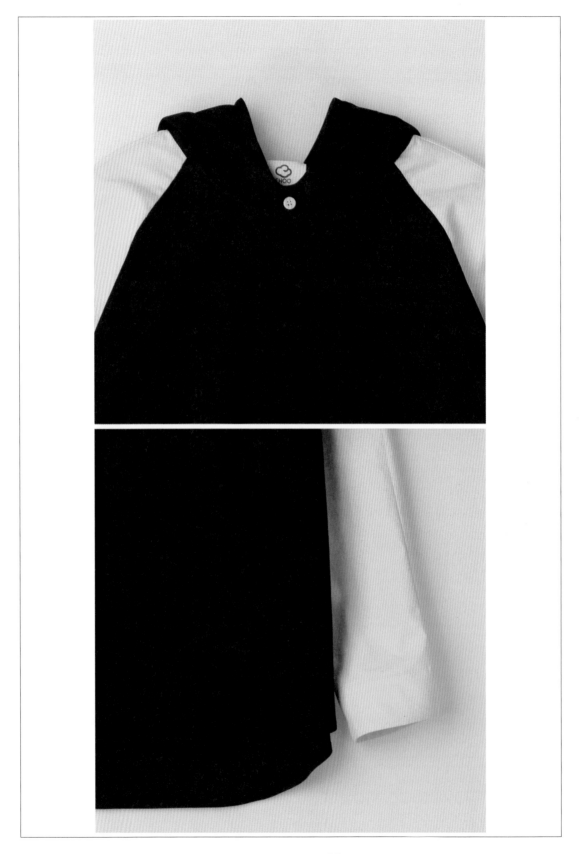

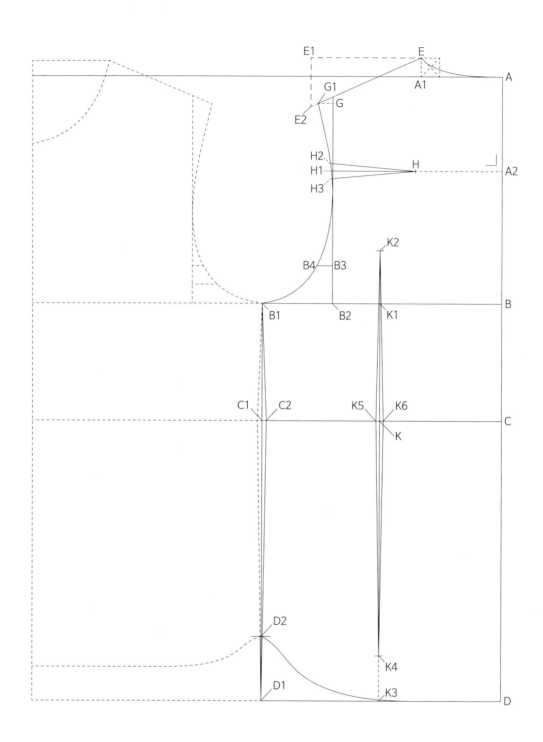

A-B	30	
A-C	45.5	
C-D	37	
B-B1	32.5	뒤판 가슴 값
B-B2	23	뒤품 값
C1-C2	0.6	
D1-D2	8.5	D2 에서 뒤판 밑단 자연스럽게 연결
A-A1	11	
A1-E	2.5	
E-E1	15	어깨 각도
E1-E2	6.5	
E-E2	직선 연결	
G-G1	2	
B2-B3	5	
B3-B4	2.2	
A-A2	12.5	
H-H1	11.5	
H1-H2, H1-H3	1	암홀 다트 2cm
K	C-C2 중간 점	
K1-K2	7	
K3-K4	6	
K-K5, K-K6	0.5	다트 1cm

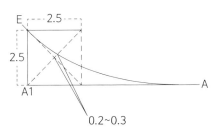

뒷목선을 그릴때 사각 정사각형을 그리고, 중간 지점에서 0.2~0.3 구간을 지나게 그린다

남성복 래글런 후드 셔츠 MS22C0007

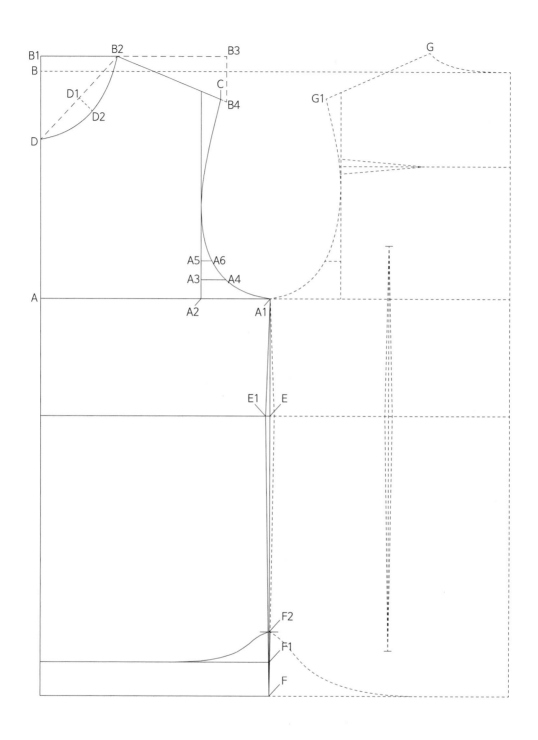

E.Hoo Atelier 132

남성복 래글런 후드 셔츠 MS22CO007

A-A1	31.5	앞판 가슴 값
A-A2	22	앞품 값
B-B1	2	앞어깨 값
B1-B2	10.5	
B2-B3	15	어깨 각도
B3-B4	6	
B2-B4	직선 연결	
B2-C	G-G1	뒤판의 어깨 길이와 동일
B1-D	11	
B2-D	직선 연결	중간 점 D1
D1-D2	2.5	
A2-A3	2.5	
A3-A4	3.5	
A2-A5	5	
A5-A6	1.5	
E-E1	0.6	
F-F1	4.5	
F-F2	8.5	F2 에서 앞판 밑단 자연스럽게 연결

남성복 래글런 후드 셔츠 MS22CO007

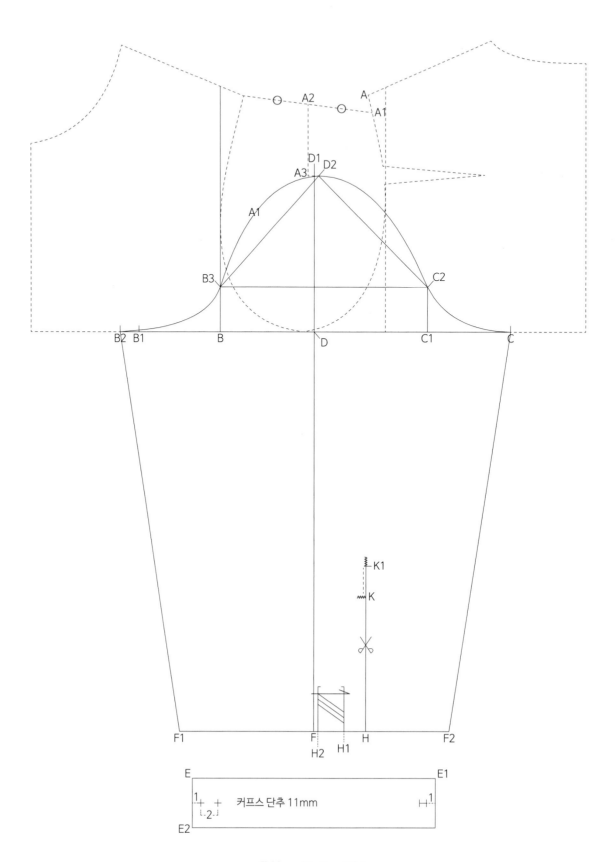

커프스 단추 11mm

A-A1	2		다트 양
A2	앞판 어깨점과 A1을 이은 선의 중간 점		
A2-A3	8		A3에서 가로로 수평선을 그려준다
B-B1	9.5		앞 겹품
B1-B2	2.2		
B2-C	45		소매통
D	B2-C 중간 점		소매통 중간 점
D1	D 에서 수직으로 올라간 선과 A3에서 그린 가로 수평선이 만나는 점		
D1-D2	0.5		
C-C1	9.5		뒤 겹품
C1-C2	5		
B-B3	5		
B3-D2	직선 연결		소매 머리 자연스럽게 연결
C2-D2	직선 연결		소매 머리 자연스럽게 연결
E-E2	5.5		커프스 폭
E-E1	28		커프스 소매 부리
D1-F	62		
F-F1, F-F2	15.5		커프스(28) + 주름(3)
F2-H	9.5		
H-K	15		바이어스 트임
K-K1	3.5		바이어스 트임 위 스티치
H-H1	2.5		
H1-H2	3		주름

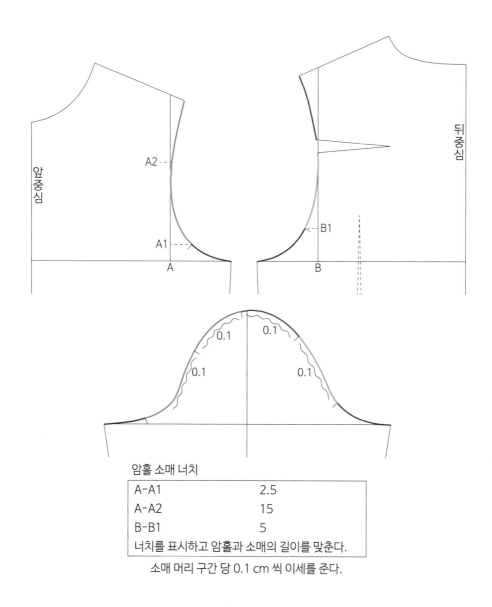

앞중심

뒤중심

A2
A1
A

B1
B

0.1   0.1

0.1   0.1

암홀 소매 너치

A-A1	2.5
A-A2	15
B-B1	5

너치를 표시하고 암홀과 소매의 길이를 맞춘다.

소매 머리 구간 당 0.1 cm 씩 이세를 준다.

소매 머리를 내리거나 올려서 암홀과 소매 길이를 맞출 수 있다.

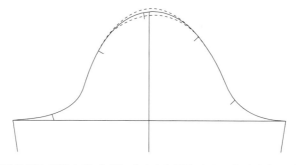

소매 길이 유지를 위해 소매 머리를 내리거나 올린 만큼 소매 기장을 조절해준다.

남성복 래글런 후드 셔츠 MS22CO007

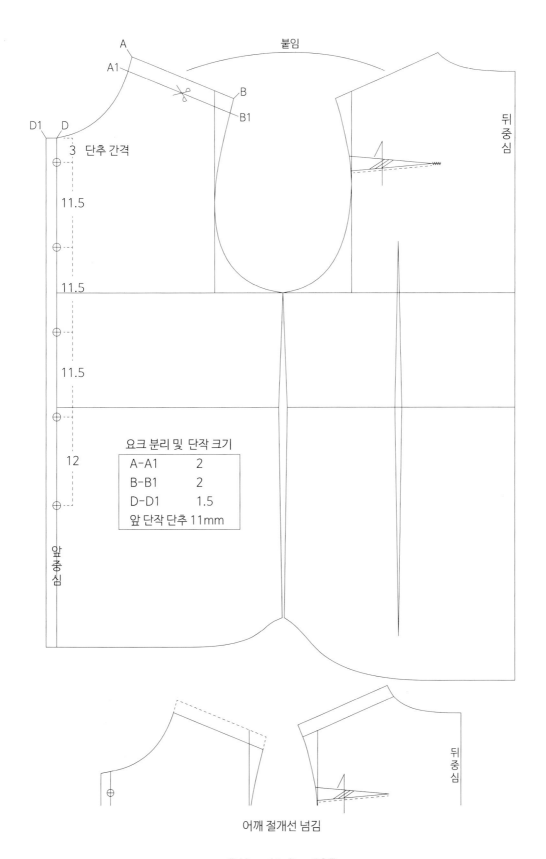

붙임

A
A1
B
B1

뒤
중
심

D1 D
3 단추 간격
11.5
11.5
11.5
12

앞
중
심

요크 분리 및 단작 크기

A-A1	2
B-B1	2
D-D1	1.5
앞 단작 단추 11mm	

뒤
중
심

어깨 절개선 넘김

E.Hoo Atelier 137

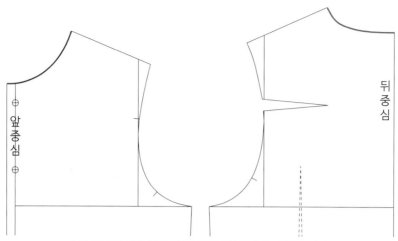

후드 제도를 위해 뒷목 길이, 앞목 길이(단작포함)를 잰다.

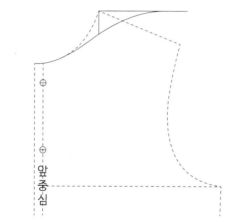

옆목에서 수평선을 그리고 후드 밑선을 자연스럽게 그려준다.

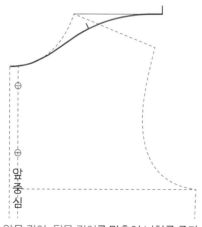

앞목 길이, 뒷목 길이를 맞추어 너치를 준다.

후드 제작

남성복 래글런 후드 셔츠 MS22CO007

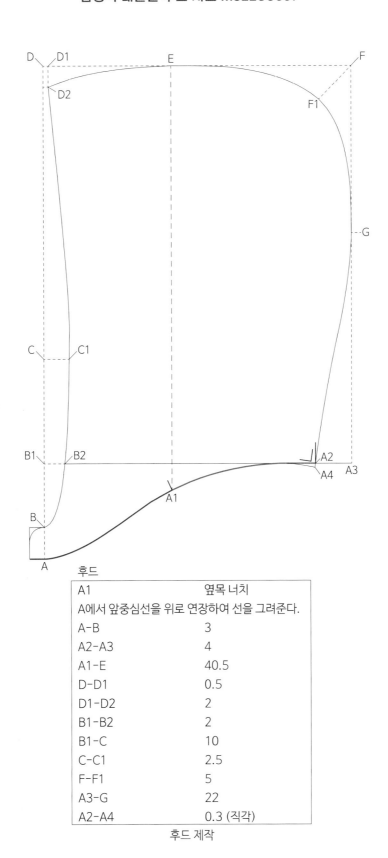

후드

A1	옆목 너치
A에서 앞중심선을 위로 연장하여 선을 그려준다.	
A-B	3
A2-A3	4
A1-E	40.5
D-D1	0.5
D1-D2	2
B1-B2	2
B1-C	10
C-C1	2.5
F-F1	5
A3-G	22
A2-A4	0.3 (직각)

후드 제작

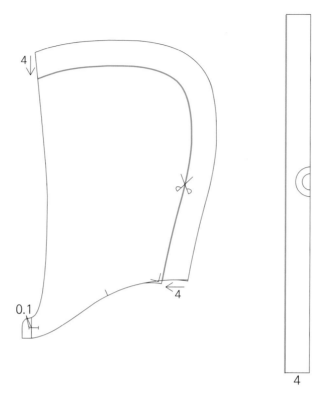

후드에서 4cm 들어와 무를 따줄 수 있다.

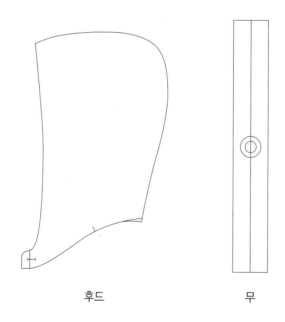

후드   무

후드 완성

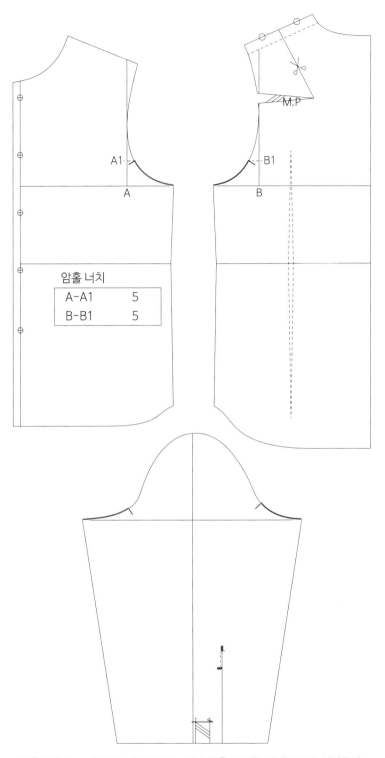

암홀 너치	
A-A1	5
B-B1	5

암홀에서 5cm 올라와 너치를 주고, 뒤판 암홀 다트를 어깨로 M.P 시켜준다.

래글런 소매

남성복 래글런 후드 셔츠 MS22CO007

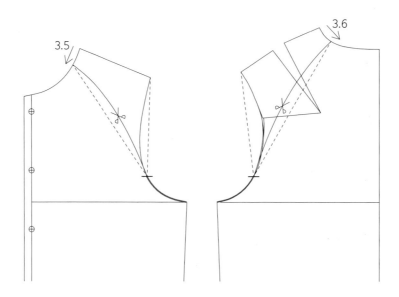

3.5

3.6

래글런 절개선을 그려주고 암홀 너치와 어깨 끝점을 직선으로 연결한다.

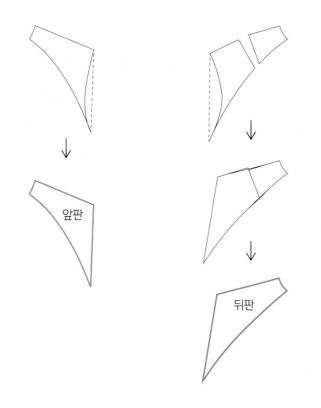

앞판

뒤판

래글런 소매

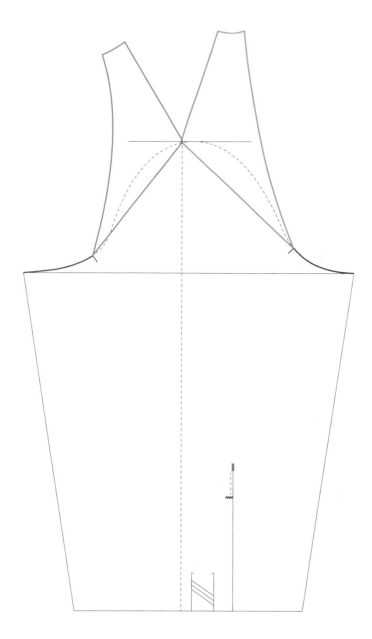

소매에 래글런 선으로 절개한 앞, 뒤 몸판을 같은 높이로 붙여준다.
붙인 앞, 뒤 몸판 어깨점 중간에서 수직으로 직선을 내려그린다.

래글런 소매

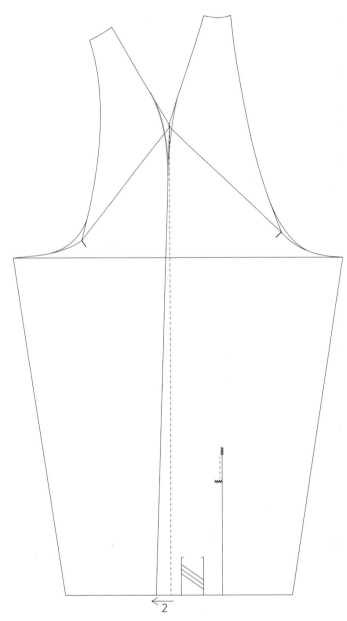

래글런 소매선을 곡선으로 자연스럽게 굴려준다.
중심선 소매부리를 앞쪽으로 2cm 이동 후 어깨선과 곡선으로 자연스럽게 굴려준다.

래글런 소매

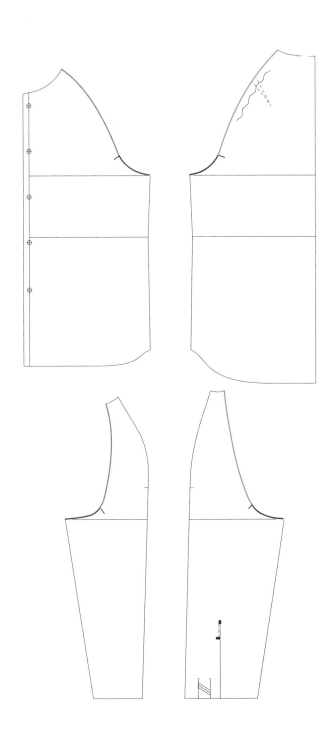

너치와 이세를 표시하고 래글런 소매를 완성한다.

래글런 소매 완성

남성복 래글런 후드 셔츠 MS22CO007

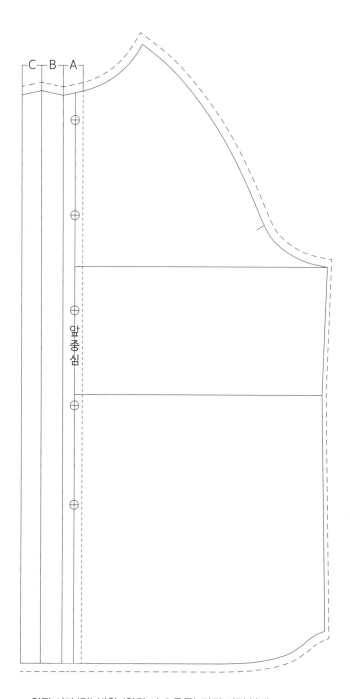

앞판 시다(밑) 방향 (착장 시 오른쪽) 단작 시접 분배

A	2.5	스티치
B	2.7	시접
C	2.5	속으로 들어가는 시접

남성복 래글런 후드 셔츠 MS22CO007

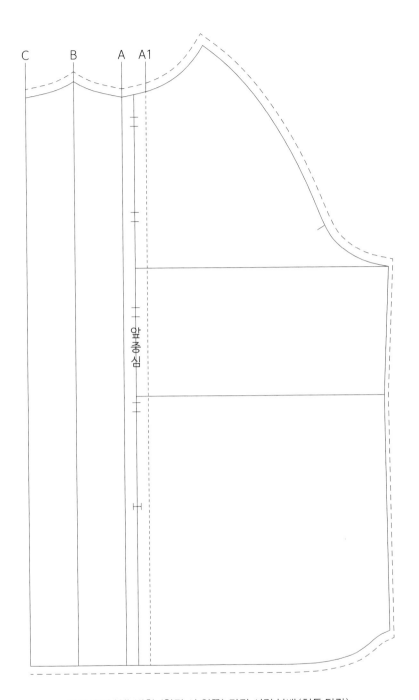

앞중심

앞판 우아(위) 방향 (착장 시 왼쪽) 단작 시접 분배(히든 단작)

A-B	6	시접
B-C	6	시접
A-A1	3	스티치
A, B 선을 접은 상태로 A1 스티치 봉제한다. (히든 단작)		

남성복 기본 티셔츠 MT22EH002

기준 사이즈	남성복 기본 티셔츠 MT22EH002						
(가슴둘레/2)	42	44	46	48	50	52	54
가슴 둘레	100	104	108	112	116	120	124
어깨 너비	41.5	43	44.5	46	47.5	49	50.5
기장	65	66	67	68	69	70	71
소매통	41	42	43	44	45	46	47
소매기장	62.5	63	63.5	64	64.5	65	65.5

※ 기장은 뒷목점을 기준으로 밑단까지 잰 길이입니다.
※ 가슴둘레 여유량에 따라 핏감이 달라질 수 있습니다.

남성복 기본 티셔츠 MT22EH002

E.Hoo Atelier 150

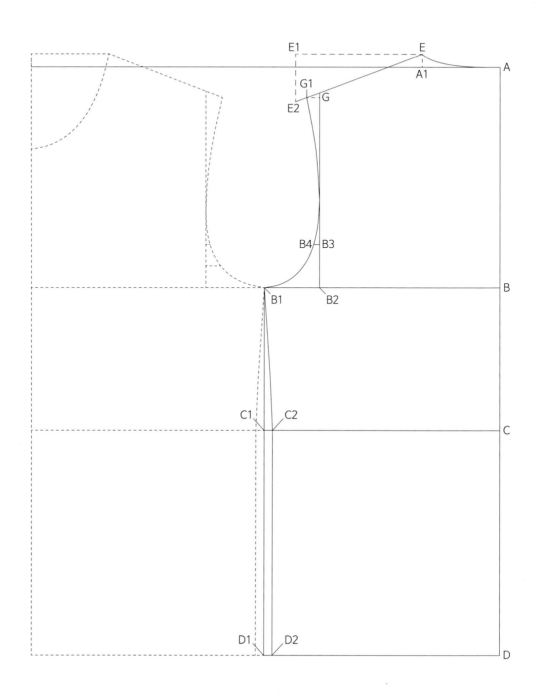

A-B	26	
A-C	42	
C-D	26	
B-B1	28	뒤판 가슴 값
B-B2	21.5	뒤품 값
C1-C2	1	
D1-D2	1	
A-A1	9.3	
A1-E	1.5	
E-A	자연스럽게 연결	
E-E1	15	어깨 각도
E1-E2	5.5	
E-E2	직선 연결	
G-G1	1.5	
B2-B3	5	
B3-B4	0.7	

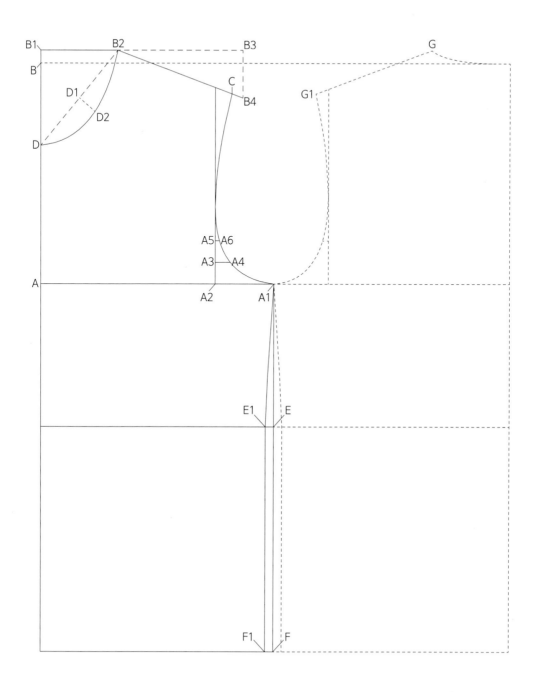

A-A1	28	앞판 가슴 값
A-A2	21	앞품 값
B-B1	1.5	앞어깨 값
B1-B2	9.3	
B2-B3	15	어깨 각도
B3-B4	5.5	
B2-B4	직선 연결	
B2-C	G-G1	뒤판의 어깨 길이와 동일
B1-D	10.5	
B2-D	직선 연결	중간 점 D1
D1-D2	2.5	
A2-A3	2.5	
A3-A4	1.8	
A2-A5	5	
A5-A6	0.5	
E-E1	1	
F-F1	1	

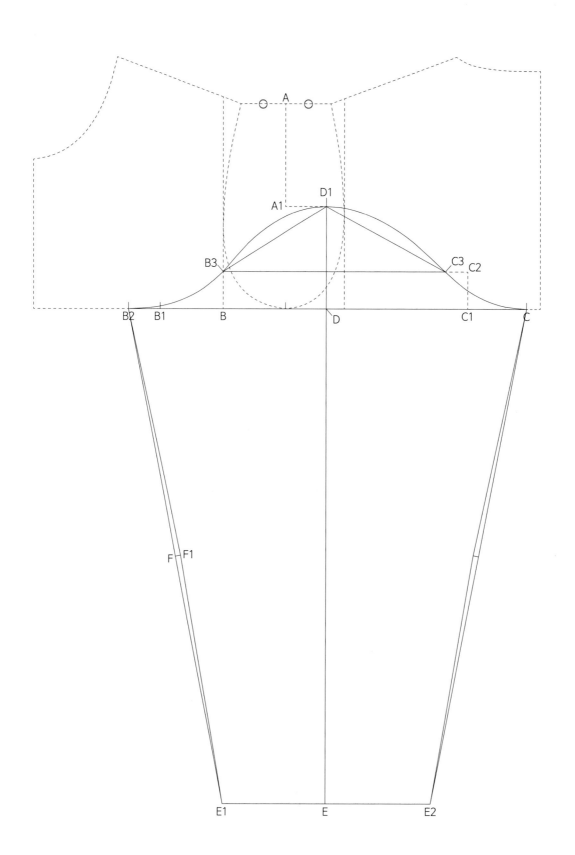

A	양 어깨를 이은 선의 중간 점	
A-A1	11	A1에서 가로로 수평선을 그려준다
B-B1	7	앞 겹품
B1-B2	3.5	
B2-C	44	소매통
D	B2-C 중간 점	소매통 중간 점
D1	D 에서 수직으로 올라간 선과 A1에서 그린 가로 수평선이 만나는 점	
C-C1	6.5	뒤 겹품
C1-C2	5	
C2-C3	2.5	
B-B3	5	
B3-D1	직선 연결	소매 머리 자연스럽게 연결
C3-D1	직선 연결	소매 머리 자연스럽게 연결
D1-E	64	
E-E1, E-E2	11.5	소매부리 23
F	B2-E1 중간 점	
F-F1	0.6	

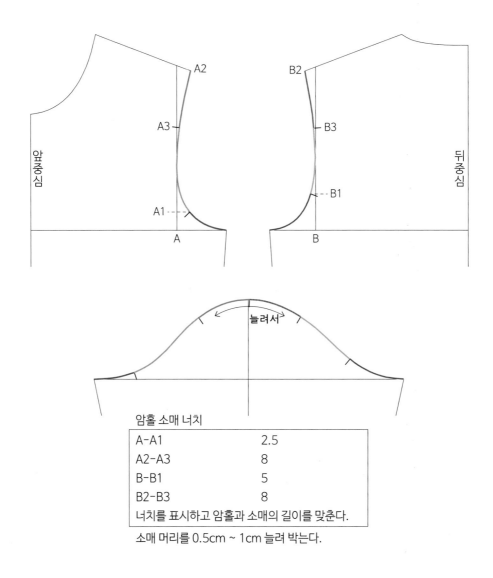

암홀 소매 너치	
A-A1	2.5
A2-A3	8
B-B1	5
B2-B3	8
너치를 표시하고 암홀과 소매의 길이를 맞춘다.	

소매 머리를 0.5cm ~ 1cm 늘려 박는다.

소매 머리를 내리거나 올려서 암홀과 소매 길이를 맞출 수 있다.

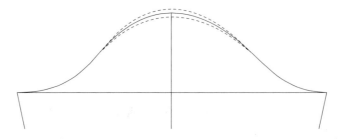

소매 길이 유지를 위해 소매 머리를 내리거나 올린 만큼 소매 기장을 조절해준다.

남성복 기본 티셔츠 MT22EH002

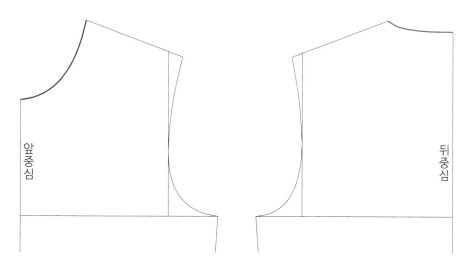

넥 립(시보리) 제도를 위해 뒷목 길이, 앞목 길이를 잰다.

립(시보리) 두께 2cm

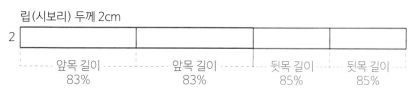

| 2 | 앞목 길이 83% | 앞목 길이 83% | 뒷목 길이 85% | 뒷목 길이 85% |

앞목 길이는 83%, 뒷목 길이는 85% 축률을 적용하여 넥 시보리를 늘려 박는다.

2.2 ← 옆목 　앞중심　 옆목 　뒤중심　 옆목 ← 2.2

시보리 절개선을 뒤로 2.2cm 넘겨 옆목이 두꺼워지지 않게 할 수 있다.

넥 시보리 완성

립(시보리) 원단의 성분과, 탄성에 따라 축률값이 달라질 수 있다.
각 원단에 맞는 축률값을 찾아 적용해준다.

넥 시보리

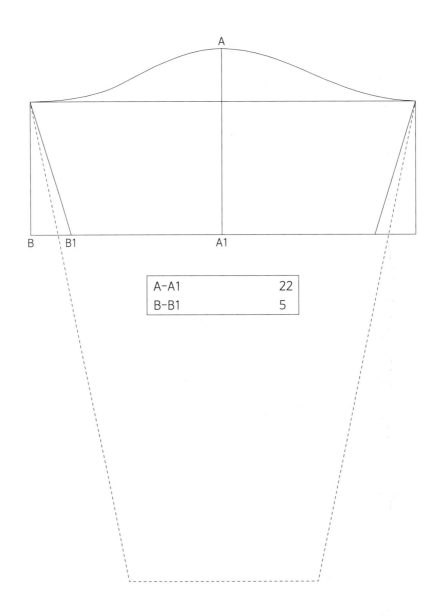

| A–A1 | 22 |
| B–B1 | 5 |

반팔 소매 제작

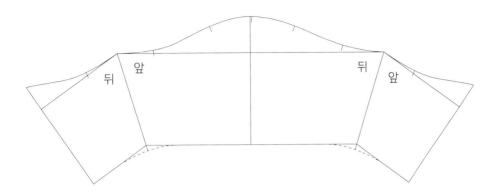

소매 앞쪽과 뒤쪽을 마주대고 밑단을 자연스럽게 굴려준다.

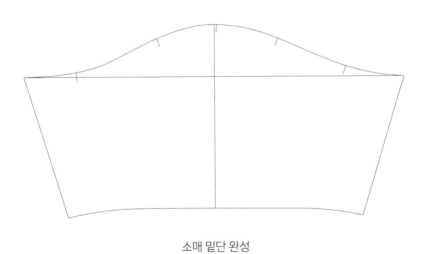

소매 밑단 완성

반팔 소매 제작

남성복 기본 티셔츠 MT22EH002

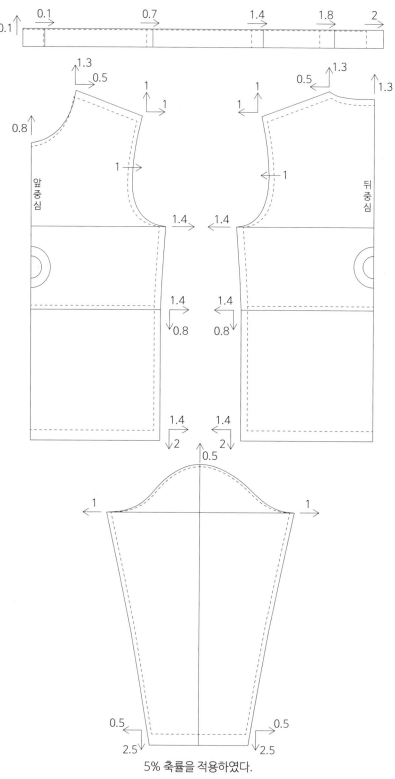

5% 축률을 적용하였다.
다이마루 원단은 줄어드는 정도를 계산하여 축률을 적용해 줄 수 있다.
약 1~10% 축률을 적용해 줄 수 있다. 축률은 원단마다 다르다.
축률

남성복 기본 티셔츠 MT22EH002

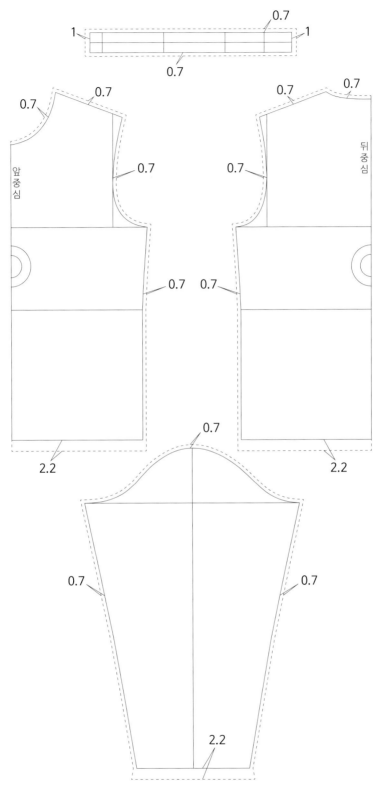

봉제 방법에 따라 시접량이 달라질 수 있다.

시접 분배

E.Hoo Atelier 163

남성복 기본 티셔츠 MT22EH002

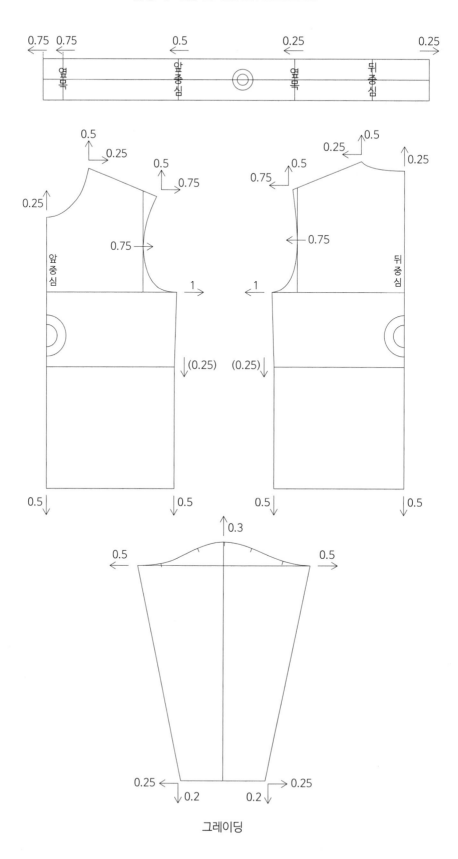

그레이딩

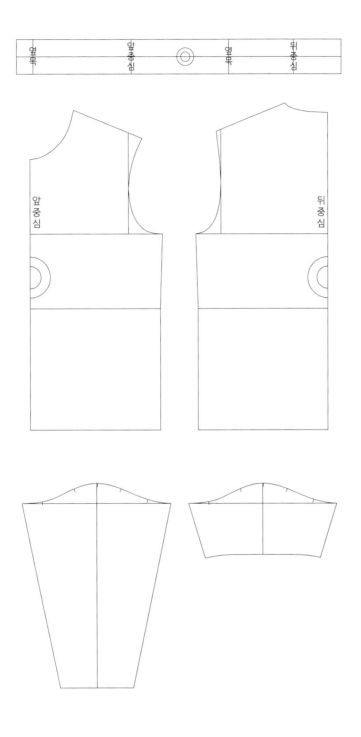

패턴 정리

남성복 목폴라 티셔츠 MT22B005

기준 사이즈	남성복 목폴라 티셔츠 MT22B005						
(가슴둘레/2)	42	44	46	48	50	52	54
가슴 둘레	98	102	106	110	114	118	122
어깨 너비	41.5	43	44.5	46	47.5	49	50.5
기장	67	68	69	70	71	72	73
소매통	40	41	42	43	44	45	46
소매기장	62.5	63	63.5	64	64.5	65	65.5

※ 기장은 뒷목점을 기준으로 밑단까지 잰 길이입니다.
※ 가슴둘레 여유량에 따라 핏감이 달라질 수 있습니다.

남성복 목폴라 티셔츠 MT22B005

E.Hoo Atelier 167

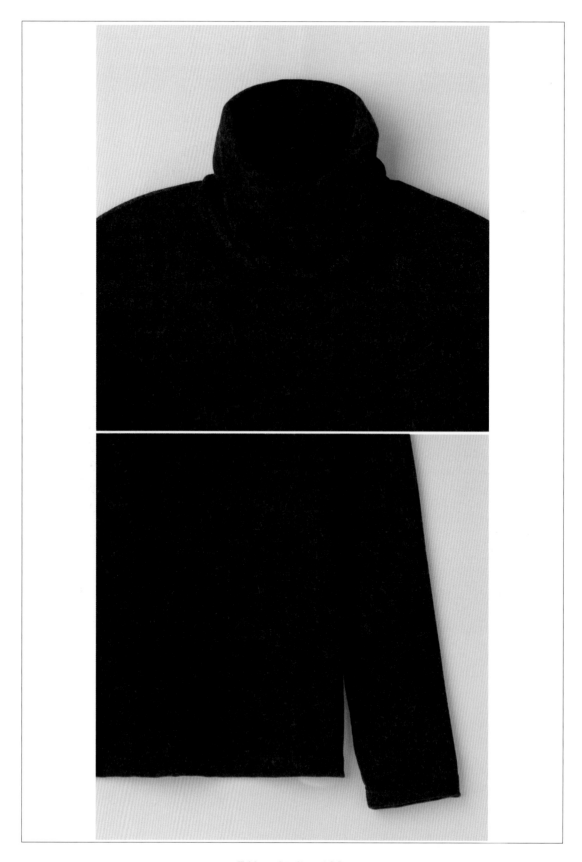

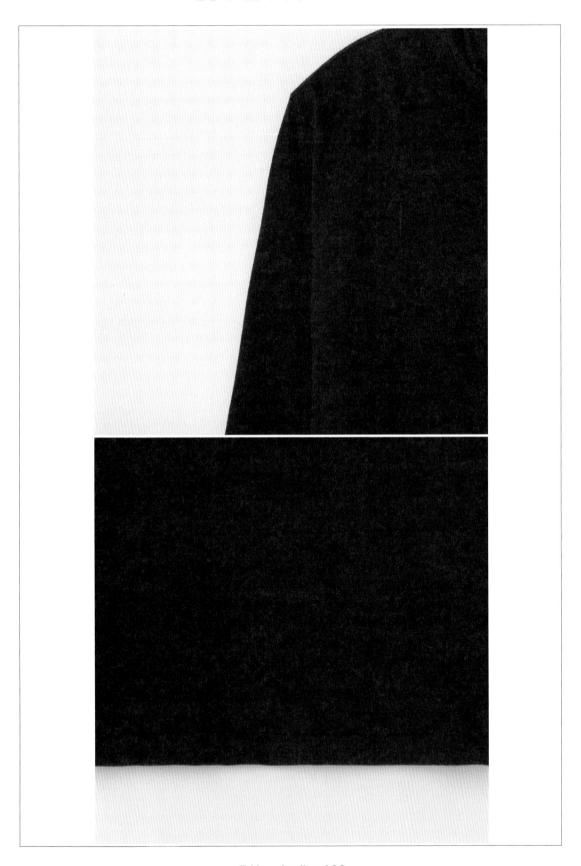

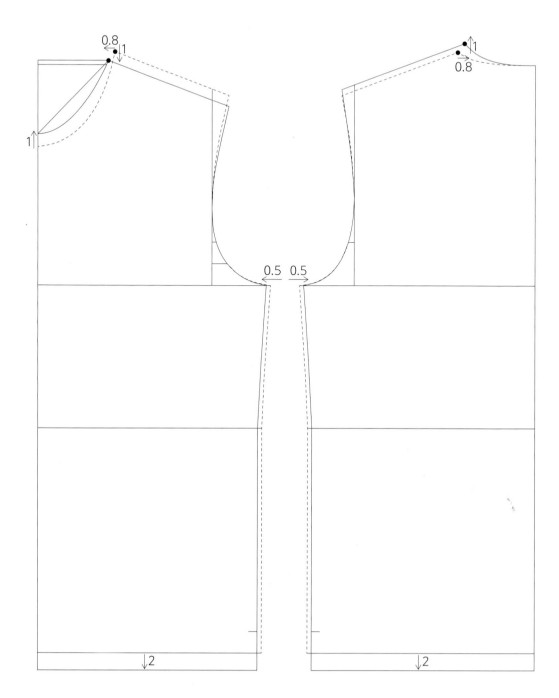

남성복 기본 티셔츠 패턴을 활용하여 작업한다.

앞판과 뒤판의 목 높이와 넓이를 조정한다.

잘 늘어나지 않는 원단을 사용할 경우 목 넓이를 넓혀주어야 한다.

기장을 2cm 연장한다.

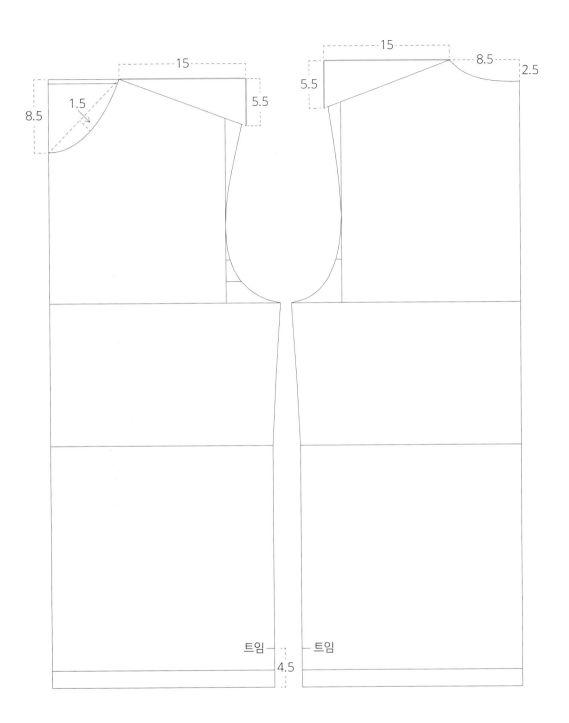

티셔츠 핏 수정

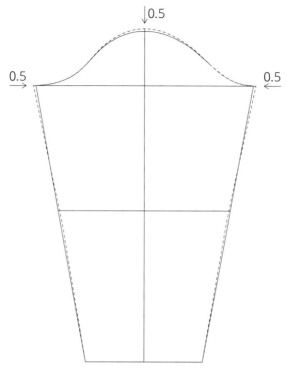

남성복 기본 티셔츠 소매 패턴을 활용한다.
소매통과 소매산을 줄인다.

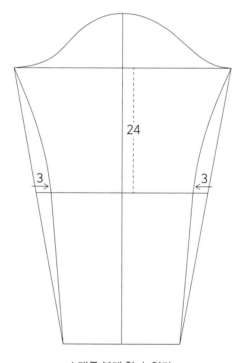

소매를 붙게 할 수 있다.

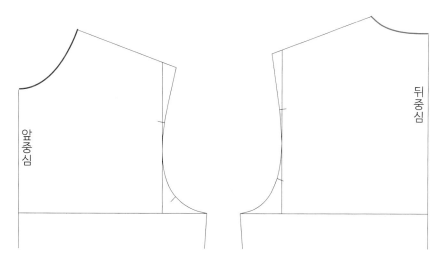

목폴라 제도를 위해 뒷목 길이, 앞목 길이를 잰다.

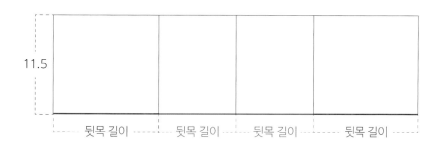

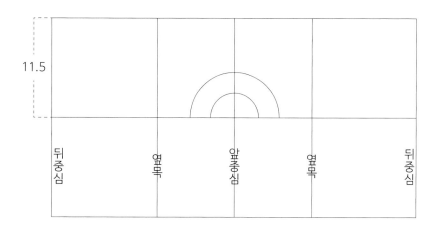

목 폴라 부분 원단은 텐션이 좋아야 한다.
원단이 늘어나지 않을 경우 착용하기 힘들 수 있다.

목폴라

남성복 피케 셔츠 MT22U006

기준 사이즈	남성복 피케 셔츠 MT22U006						
(가슴둘레/2)	42	44	46	48	50	52	54
가슴 둘레	100	104	108	112	116	120	124
어깨 너비	41.5	43	44.5	46	47.5	49	50.5
기장	71	72	73	74	75	76	77
소매통	41	42	43	44	45	46	47
소매기장	20.5	21	21.5	22	22.5	23	23.5

※ 기장은 뒷목점을 기준으로 밑단까지 잰 길이입니다.
※ 가슴둘레 여유량에 따라 핏감이 달라질 수 있습니다.

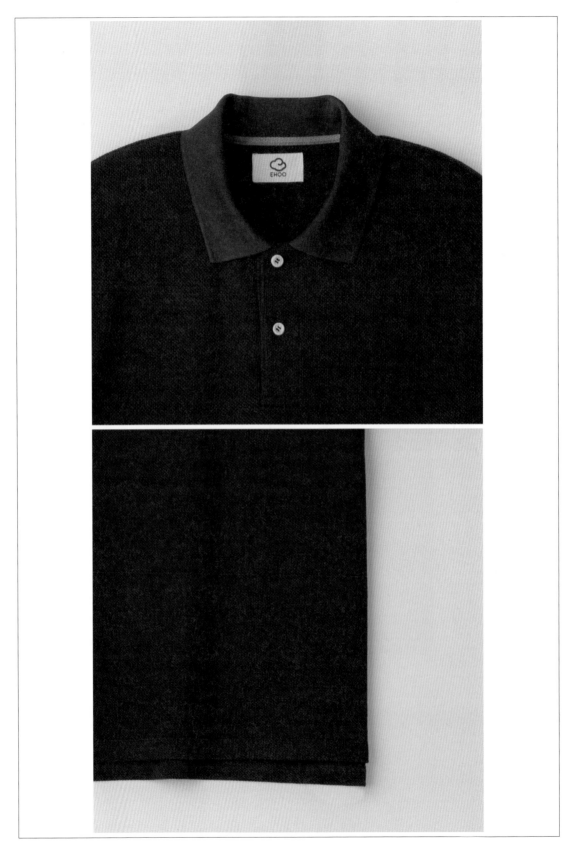

남성복 기본 티셔츠 패턴을 활용하여 작업한다.

앞판과 뒤판의 목 넓이와 넓이를 조정한다.

앞판 기장 2cm, 뒤판 기장 6cm 연장한다.

남성복 피케 셔츠 MT22U006

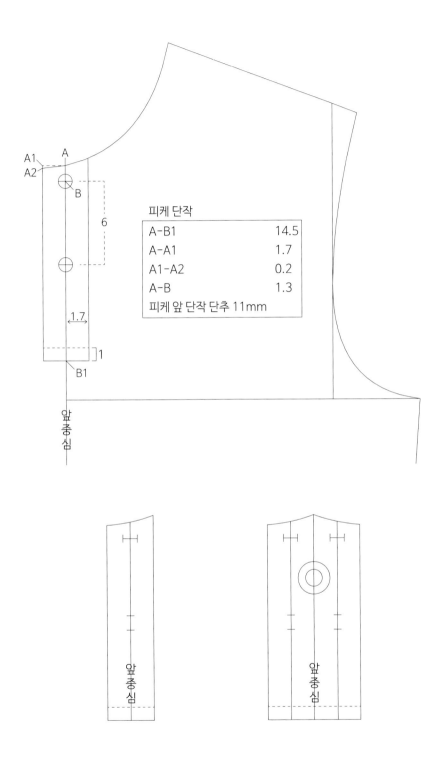

피케 단작

A-B1	14.5
A-A1	1.7
A1-A2	0.2
A-B	1.3

피케 앞 단작 단추 11mm

피케 셔츠 앞단작

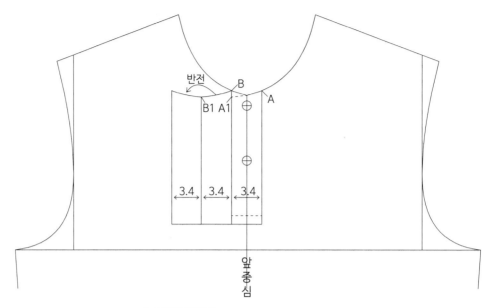

반전

B

B1 A1

A

3.4 3.4 3.4

앞총심

피케 단작 일체형

A와 B 높이는 동일하다.
A-A1 선을 똑같이 복사하여 B-B1을 그려준다.
PK 앞 단작 단추 11mm

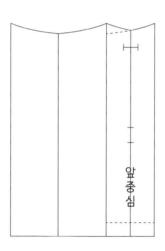

앞총심

피케 셔츠 앞단작 일체형

피케 셔츠 앞단작

남성복 피케 셔츠 MT22U006

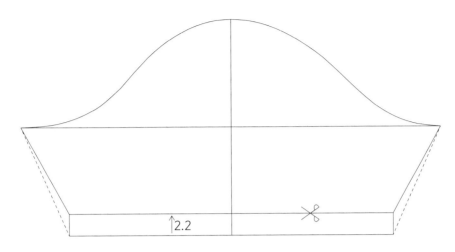

남성복 기본 티셔츠 반팔 소매 패턴을 활용한다.
2.2cm 올라와 소매 부리 시보리 라인을 따낸다.

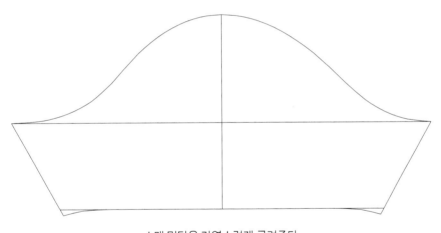

소매 밑단을 자연스럽게 굴려준다.

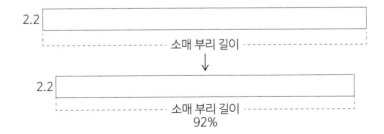

소매 부리 시보리에 축률 92% 적용한다.

피케 셔츠 소매

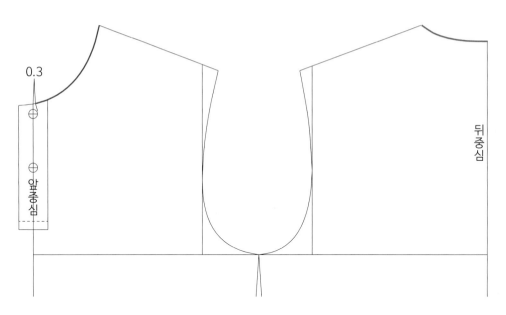

요꼬 에리(카라) 제도를 위해 뒷목 길이, 앞목 길이를 잰다.

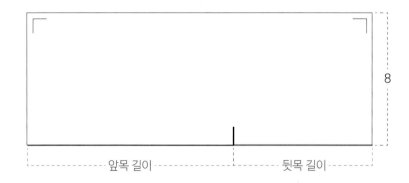

일반적으로 PK 셔츠 카라는 끝 마감이 된 요꼬 에리(요꼬 시보리)를 사용한다.

요꼬 시보리

남성복 피케 셔츠 MT22U006

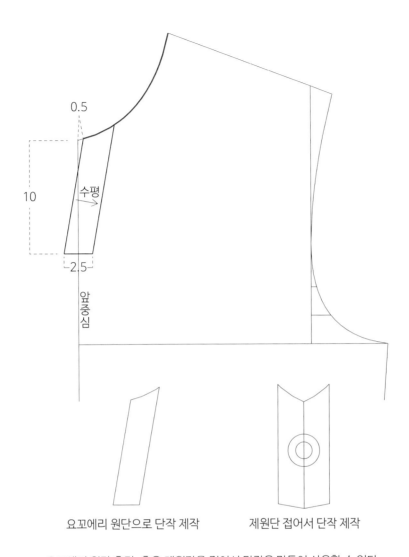

0.5

수평 →

10

2.5

앞중심

요꼬에리 원단으로 단작 제작

제원단 접어서 단작 제작

요꼬에리 원단 홑겹, 혹은 제원단을 접어서 단작을 만들어 사용할 수 있다.

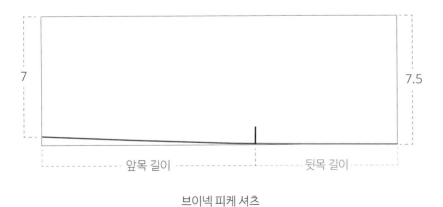

7

7.5

앞목 길이

뒷목 길이

브이넥 피케 셔츠

기준 사이즈	남성복 릴렉스핏 티셔츠 MT22U_U003						
(가슴둘레/2)	42	44	46	48	50	52	54
가슴 둘레	104	108	112	116	120	124	128
어깨 너비	44.5	46	47.5	49	50.5	52	53.5
기장	65	66	67	68	69	70	71
소매통	44	45	46	47	48	49	50
소매기장	61.5	62	62.5	63	63.5	64	64.5

※ 기장은 뒷목점을 기준으로 밑단까지 잰 길이입니다.
※ 가슴둘레 여유량에 따라 핏감이 달라질 수 있습니다.

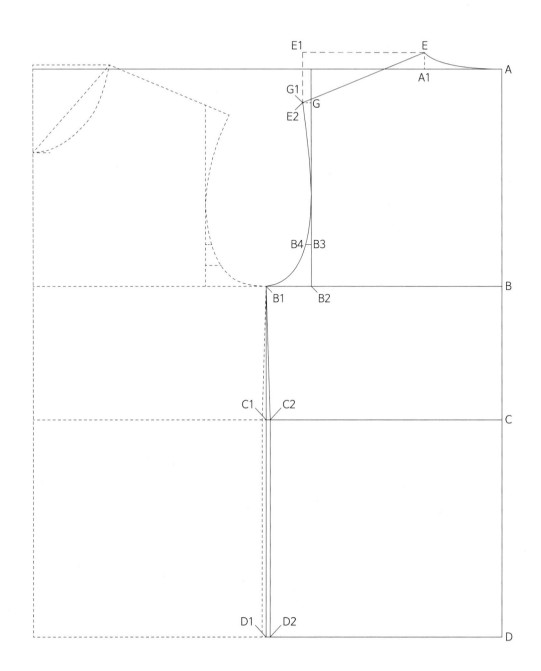

A-B	26	
A-C	42	
C-D	26	
B-B1	29	뒤판 가슴 값
B-B2	23.5	뒤품 값
C1-C2	0.5	
D1-D2	0.5	
A-A1	9.5	
A1-E	2	
E-A	자연스럽게 연결	
E-E1	15	어깨 각도
E1-E2	6	
E-E2	직선 연결	
G-G1	1	
B2-B3	5	
B3-B4	0.7	

남성복 릴렉스핏 티셔츠 MT22U_U003

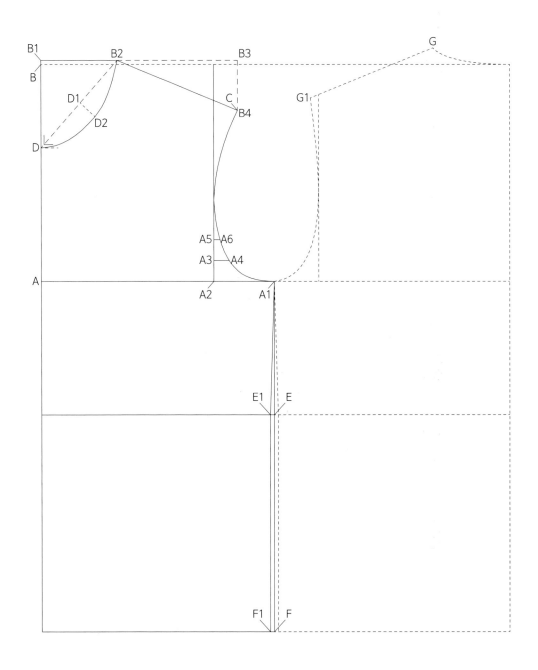

A-A1	29	앞판 가슴 값
A-A2	21.5	앞품 값
B-B1	0.5	앞어깨 값
B1-B2	9.5	
B2-B3	15	
B3-B4	6	어깨 각도
B2-B4	직선 연결	
B2-C	G-G1	뒤판의 어깨 길이와 동일
B1-D	11	
B2-D	직선 연결	중간 점 D1
D1-D2	2.5	
A2-A3	2.5	
A3-A4	2	
A2-A5	5	
A5-A6	0.8	
E-E1	0.5	
F-F1	0.5	

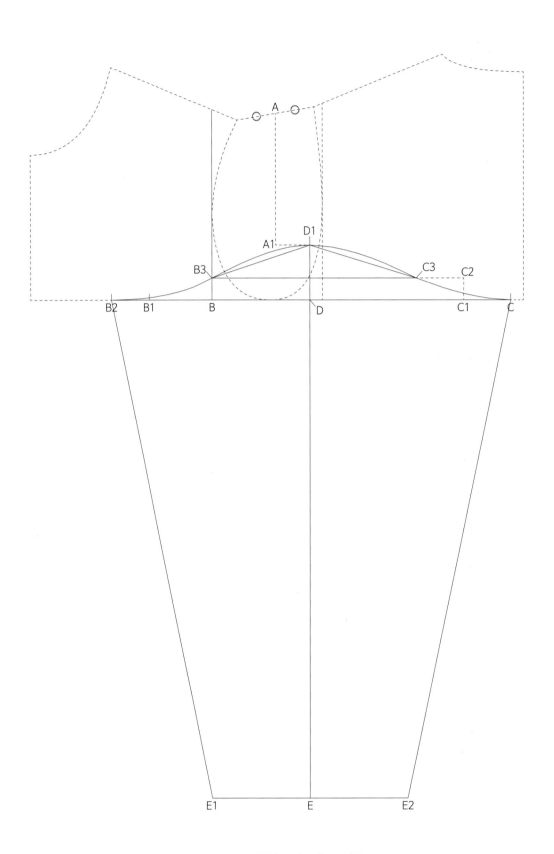

A	양 어깨를 이은 선의 중간 점	
A-A1	15	A1에서 가로로 수평선을 그려준다
B-B1	7.5	앞 겹품
B1-B2	4.5	
B2-C	47	소매통
D	B2-C 중간 점	소매통 중간 점
D1	D 에서 수직으로 올라간 선과 A1에서 그린 가로 수평선이 만나는 점	
C-C1	5.5	뒤 겹품
C1-C2	2.5	
C2-C3	5	
B-B3	2.5	
B3-D1	직선 연결	소매 머리 자연스럽게 연결
C3-D1	직선 연결	소매 머리 자연스럽게 연결
D1-E	63	
E-E1, E-E2	11.5	소매부리 23

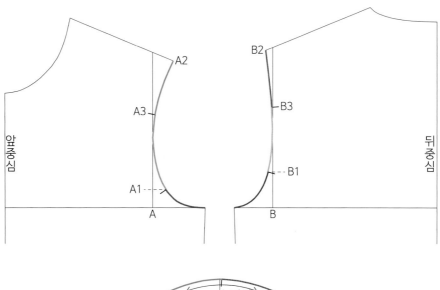

암홀 소매 너치

A-A1	2.5
A2-A3	8
B-B1	5
B2-B3	8
너치를 표시하고 암홀과 소매의 길이를 맞춘다.	

소매 머리를 0.5cm ~ 1cm 늘려 박는다.

소매 머리를 내리거나 올려서 암홀과 소매 길이를 맞출 수 있다.

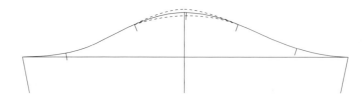

소매 길이 유지를 위해 소매 머리를 내리거나 올린 만큼 소매 기장을 조절해준다.

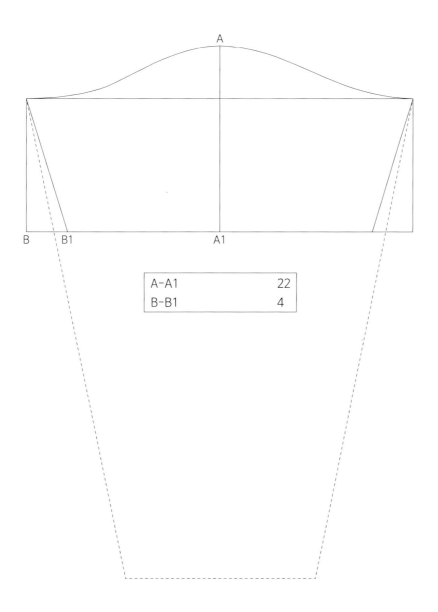

A-A1	22
B-B1	4

반팔 소매 제작

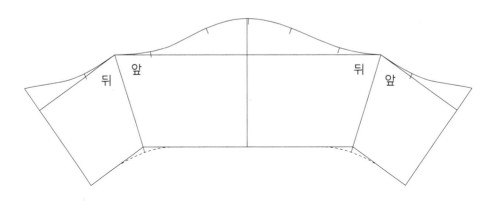

소매 앞쪽과 뒤쪽을 마주대고 밑단을 자연스럽게 굴려준다.

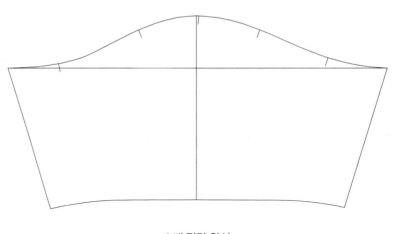

소매 밑단 완성

반팔 소매 제작

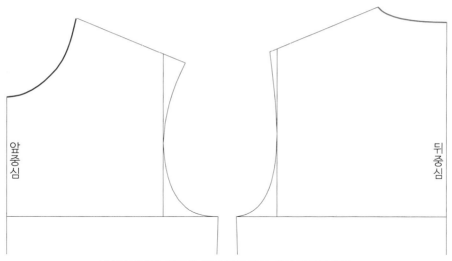

넥 립(시보리) 제도를 위해 뒷목 길이, 앞목 길이를 잰다.

제원단 립(시보리) 두께 2.2cm

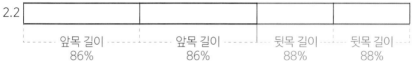

앞목 길이는 86%, 뒷목 길이는 88% 축률을 적용하여 넥 시보리를 늘려 박는다.

시보리가 아닌 제원단을 넥 시보리로 사용할 경우, 원단에 따라 축률값이 달라질 수 있다.

시보리 절개선을 뒤로 2.2cm 넘겨 옆목이 두꺼워지지 않게 할 수 있다.

립(시보리) 가 접히는 부분을 양쪽에서 0.5cm 씩 줄여 시보리가 들뜨지 않게 할 수 있다.

넥 시보리 완성

넥 시보리

남성복 요크 슬리브 티셔츠 MT22E_L007

기준 사이즈	남성복 요크 슬리브 티셔츠 MT22E_L007						
(가슴둘레/2)	42	44	46	48	50	52	54
가슴 둘레	104	108	112	116	120	124	128
어깨 너비	44.5	46	47.5	49	50.5	52	53.5
기장	70.5	71.5	72.5	73.5	74.5	75.5	76.5
소매통	44.5	45.5	46.5	47.5	48.5	49.5	50.5
소매기장	62	62.5	63	63.5	64	64.5	65

※ 기장은 뒷목점을 기준으로 밑단까지 잰 길이입니다.
※ 가슴둘레 여유량에 따라 핏감이 달라질 수 있습니다.

남성복 요크 슬리브 티셔츠 MT22E_L007

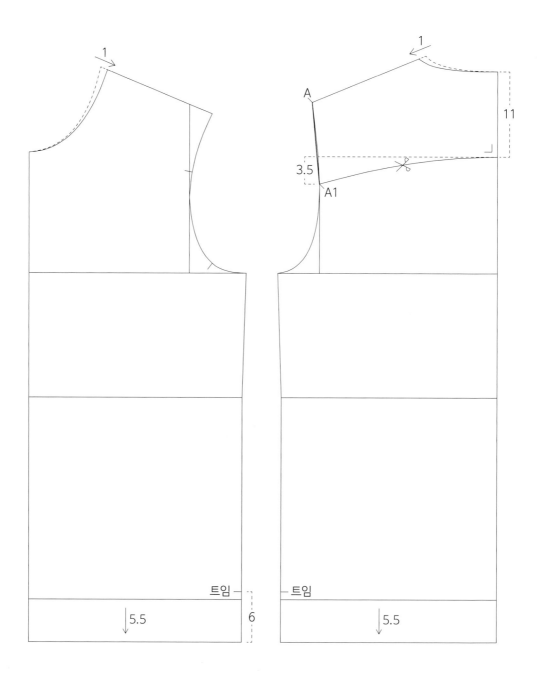

남성복 릴렉스핏 티셔츠 패턴을 활용하여 작업한다.

앞판과 뒤판의 목 값을 조정한다.

요크 절개선을 그려준다.

A와 A1을 직선으로 연결한다.

기장을 5.5cm 연장한다.

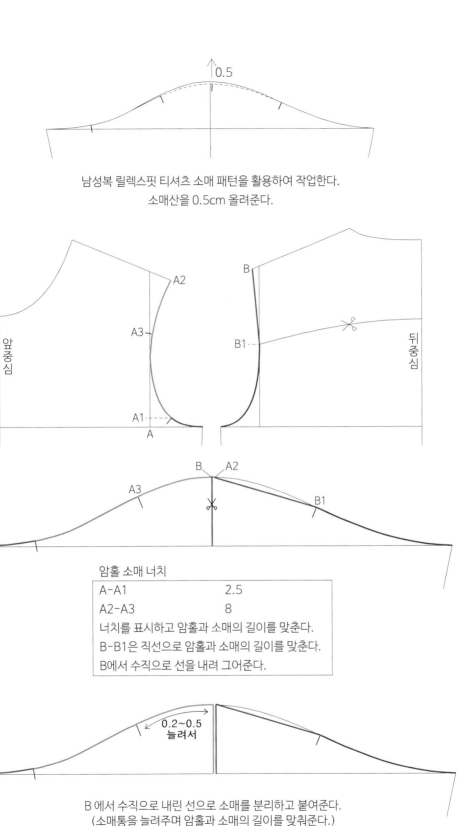

남성복 릴렉스핏 티셔츠 소매 패턴을 활용하여 작업한다.
소매산을 0.5cm 올려준다.

암홀 소매 너치

A-A1	2.5
A2-A3	8

너치를 표시하고 암홀과 소매의 길이를 맞춘다.
B-B1은 직선으로 암홀과 소매의 길이를 맞춘다.
B에서 수직으로 선을 내려 그어준다.

0.2~0.5
늘려서

B 에서 수직으로 내린 선으로 소매를 분리하고 붙여준다.
(소매통을 늘려주며 암홀과 소매의 길이를 맞춰준다.)

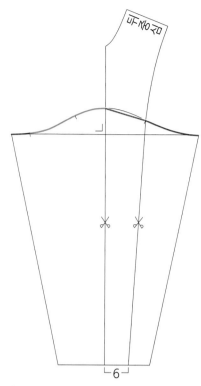

뒤판 요크를 소매에 붙여준다. 요크 어깨 끝에서 수직으로 선을 내려준다.
수직으로 내린 선에서 6cm 이동 후 요크와 연결한다.

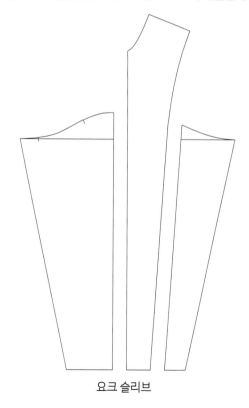

요크 슬리브

남성복 요크 슬리브 티셔츠 MT22E_L007

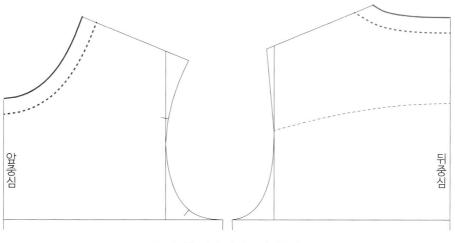

앞품중심

뒤품중심

목 시접을 랍빠 해리로 마감한다.

해리 완성 두께 2cm

2

앞목 길이 ---------- 앞목 길이 ---------- 뒷목 길이 ---------- 뒷목 길이

2.5   2.5

옆목   앞중심   옆목   뒤중심   옆목

해리 절개선을 뒤로 2.5cm 넘겨 옆목이 두꺼워지지 않게 할 수 있다.

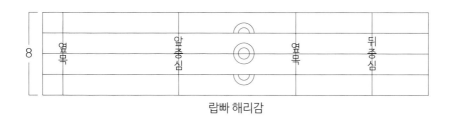

8

옆목   앞중심   옆목   뒤중심

랍빠 해리감

랍빠 해리감은 완성 두께의 4배로 재단하여 접어 사용한다.
요꼬결 혹은 바이어스 결로 재단하여 사용한다.

랍빠 해리

E.Hoo Atelier 205

남성복 오버사이즈 맨투맨 티셔츠 MT19E_CO004

기준 사이즈	남성복 오버사이즈 맨투맨 티셔츠 MT19E_CO004						
(가슴둘레/2)	42	44	46	48	50	52	54
가슴 둘레	110	114	118	122	126	130	134
어깨 너비	56.5	58	59.5	61	62.5	64	65.5
기장	68	69	70	71	72	73	74
소매통	49	50	51	52	53	54	55
소매기장	55.5	56	56.5	57	57.5	58	58.5

※ 기장은 뒷목점을 기준으로 밑단까지 잰 길이입니다.
※ 가슴둘레 여유량에 따라 핏감이 달라질 수 있습니다.

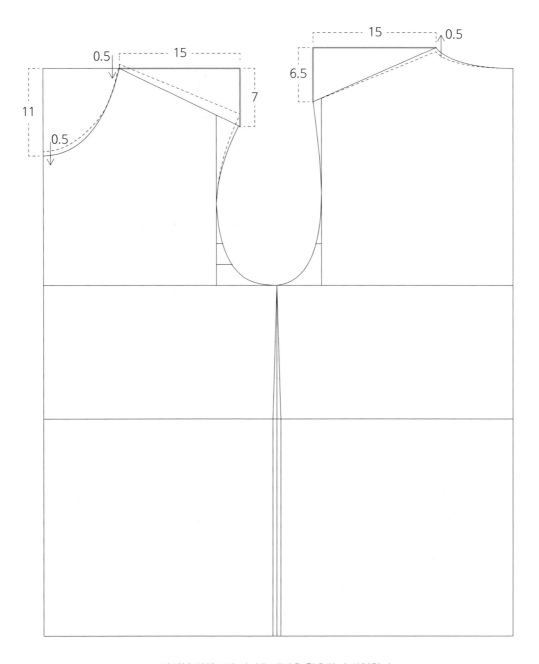

남성복 릴렉스핏 티셔츠 패턴을 활용하여 작업한다.

앞판과 뒤판의 목 높이를 조정한다.

앞판과 뒤판의 어깨 각도를 조정한다.

남성복 오버사이즈 맨투맨 티셔츠 MT19E_CO004

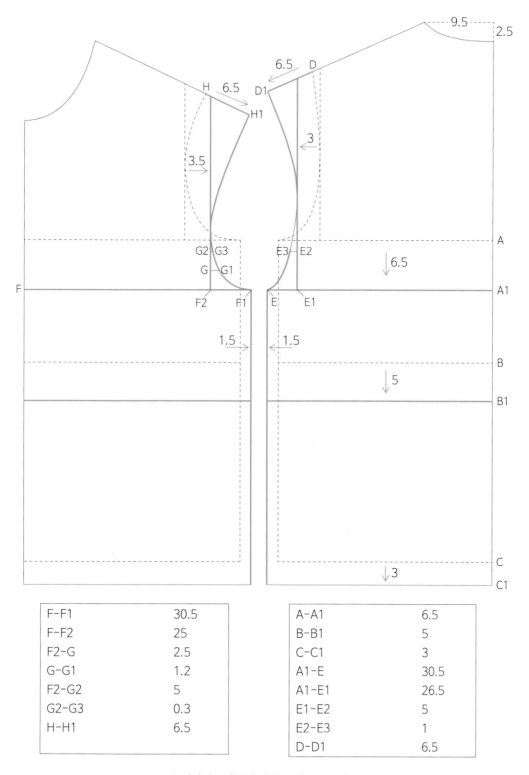

F–F1	30.5
F–F2	25
F2–G	2.5
G–G1	1.2
F2–G2	5
G2–G3	0.3
H–H1	6.5

A–A1	6.5
B–B1	5
C–C1	3
A1–E	30.5
A1–E1	26.5
E1–E2	5
E2–E3	1
D–D1	6.5

오버사이즈 맨투맨 티셔츠 핏으로 조정

E.Hoo Atelier 211

남성복 오버사이즈 맨투맨 티셔츠 MT19E_CO004

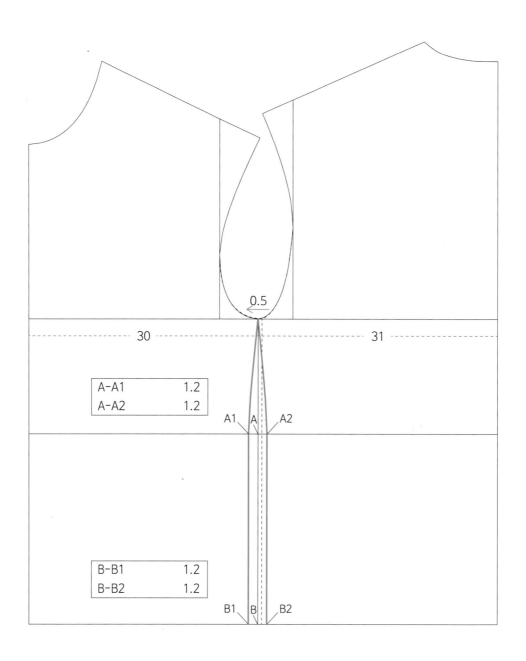

와끼선을 앞쪽으로 0.5cm 옮겨준다.

남성복 오버사이즈 맨투맨 티셔츠 MT19E_CO004

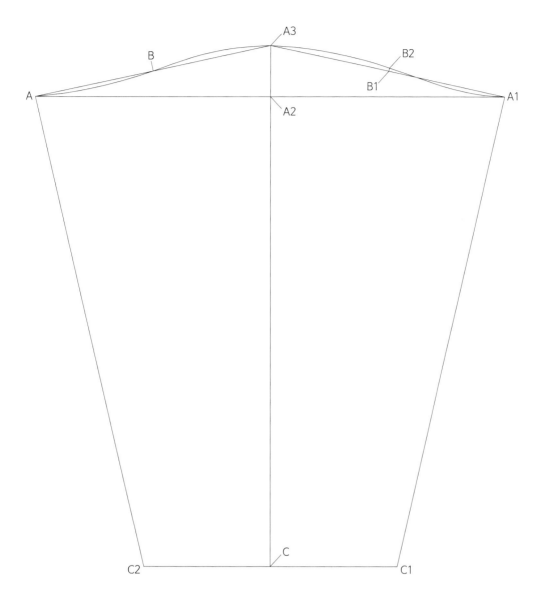

오버사이즈 맨투맨 티셔츠 소매

A-A1	52
A2	A-A1 중간 점
A2-A3	5.5
B	A-A3 중간 점
B1	A1-A3 중간 점
B1-B2	0.3
A3-C	57
C-C1, C-C2	14

남성복 오버사이즈 맨투맨 티셔츠 MT19E_CO004

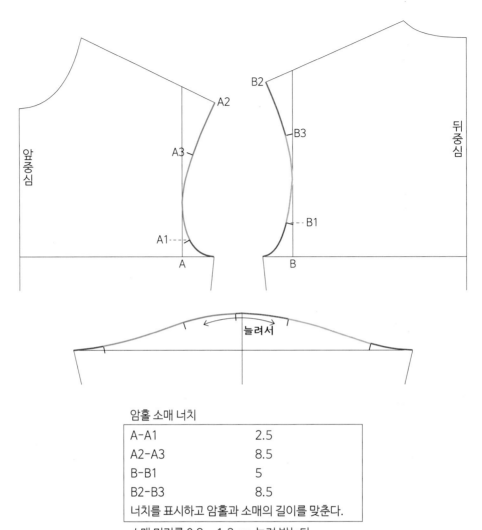

암홀 소매 너치

A-A1	2.5
A2-A3	8.5
B-B1	5
B2-B3	8.5
너치를 표시하고 암홀과 소매의 길이를 맞춘다.	

소매 머리를 0.8 ~ 1.2 cm 늘려 박는다.

소매 머리를 내리거나 올려서 암홀과 소매 길이를 맞출 수 있다.

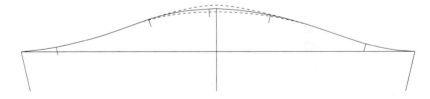

소매 길이 유지를 위해 소매 머리를 내리거나 올린 만큼 소매 기장을 조절해준다.

남성복 오버사이즈 맨투맨 티셔츠 MT19E_CO004

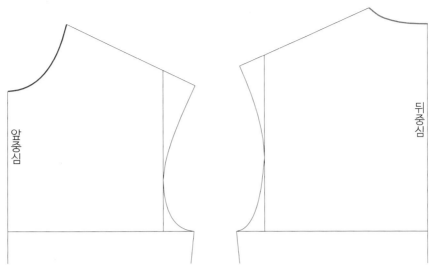

앞중심

뒤중심

넥 립(시보리) 제도를 위해 뒷목 길이, 앞목 길이를 잰다.

넥 립(시보리)두께 2.2cm

2.2

앞목 길이
83%

앞목 길이
83%

뒷목 길이
85%

뒷목 길이
85%

앞목 길이는 83%, 뒷목 길이는 85% 축률을 적용하여 넥 시보리를 늘려 박는다.

2.5   2.5

옆목   앞중심   옆목   뒤중심   옆목

시보리 절개선을 뒤로 2.5cm 넘겨 옆목이 두꺼워지지 않게 할 수 있다.

옆목   앞중심   옆목   뒤중심

넥 시보리 완성

시보리 원단에 따라 축률값이 달라질 수 있다. 각 원단에 맞는 축률값을 찾아 적용해준다.

넥 시보리

남성복 오버사이즈 맨투맨 티셔츠 MT19E_CO004

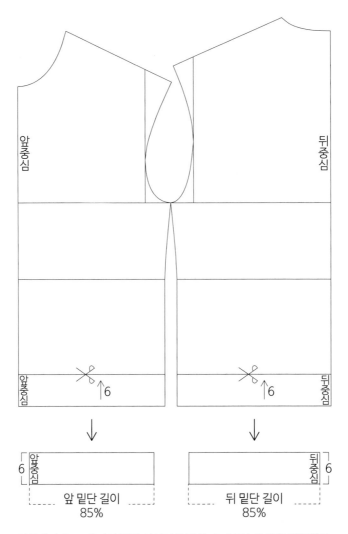

밑단에서 6cm 올라와 밑단 시보리를 만든다. 85% 축률을 적용한다.

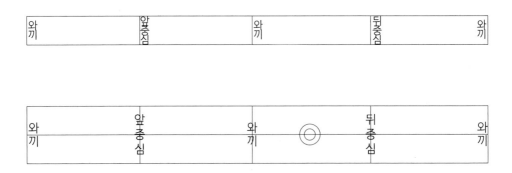

몸판 밑단 시보리 완성

몸판 밑단 시보리

E.Hoo Atelier 216

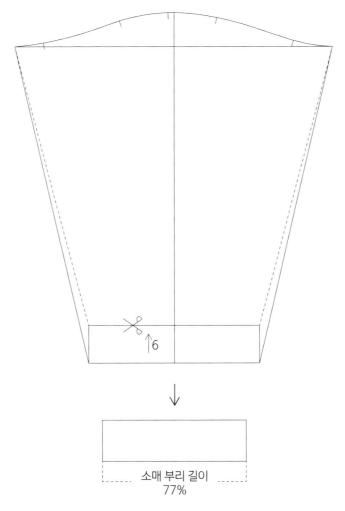

소매 부리 길이
77%

소매 밑단에서 6cm 올라와 소매 부리 시보리를 만든다. 77% 축률을 적용한다.

소매 부리 시보리 완성

소매 부리 시보리

남성복 맨투맨 후드 티셔츠 MT22E_Z008

기준 사이즈	남성복 맨투맨 후드 티셔츠 MT22E_Z008						
(가슴둘레/2)	42	44	46	48	50	52	54
가슴 둘레	110	114	118	122	126	130	134
어깨 너비	56.5	58	59.5	61	62.5	64	65.5
기장	68	69	70	71	72	73	74
소매통	49	50	51	52	53	54	55
소매기장	55.5	56	56.5	57	57.5	58	58.5

※ 기장은 뒷목점을 기준으로 밑단까지 잰 길이입니다.
※ 가슴둘레 여유량에 따라 핏감이 달라질 수 있습니다.

E.Hoo Atelier 218

남성복 맨투맨 후드 티셔츠 MT22E_Z008

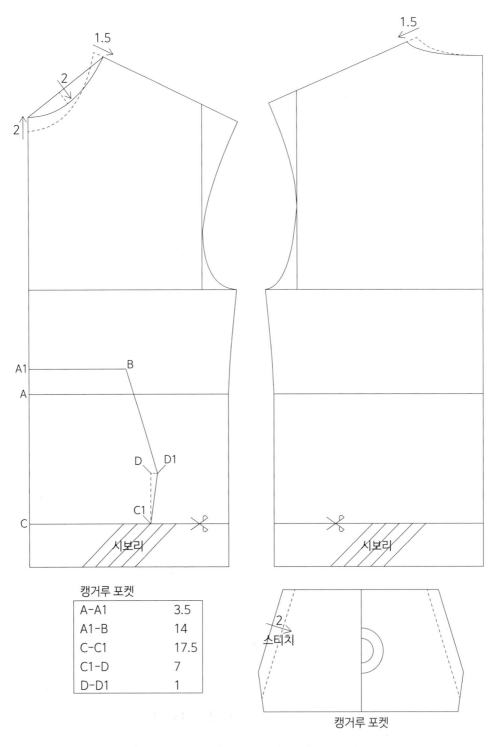

캥거루 포켓	
A-A1	3.5
A1-B	14
C-C1	17.5
C1-D	7
D-D1	1

시보리

시보리

스티치

캥거루 포켓

남성복 오버사이즈 맨투맨 티셔츠 패턴을 활용하여 작업한다.

앞판과 뒤판의 목 값을 조정한다.

남성복 맨투맨 후드 티셔츠 MT22E_Z008

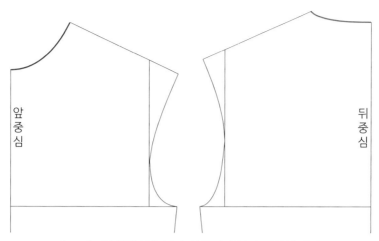

후드 제도를 위해 뒷목 길이, 앞목 길이(단작포함)를 잰다.

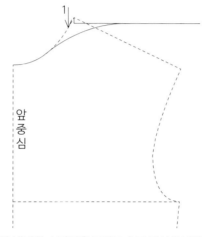

옆목에서 1cm 를 내려와 수평선을 그리고 후드 밑선을 자연스럽게 그려준다.

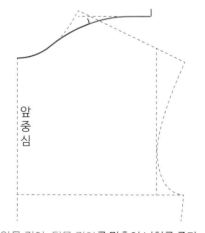

앞목 길이, 뒷목 길이를 맞추어 너치를 준다.

후드 제작

남성복 맨투맨 후드 티셔츠 MT22E_Z008

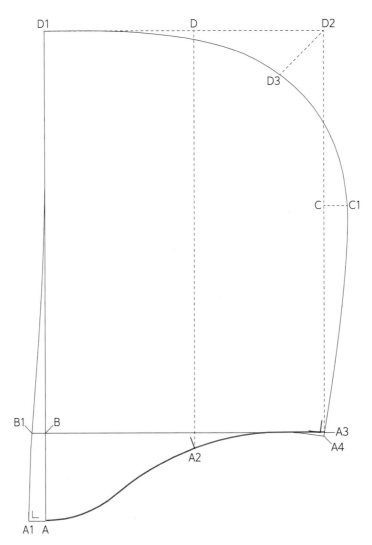

후드

A2	옆목 너치
A에서 앞중심선을 위로 연장하여 선을 그려준다.	
A-A1	1.5
B-B1	1.2
A2-D	35
D2-D3	4.5
A3-C	19
C-C1	2
A3-A4	0.3(직각)

후드 제작

E.Hoo Atelier 224

남성복 맨투맨 후드 티셔츠 MT22E_Z008

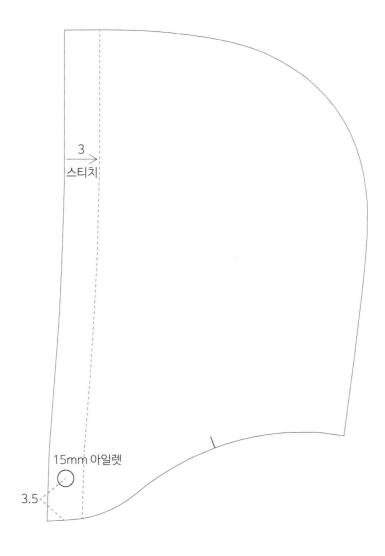

3
스티치

15mm 아일렛

3.5

아일렛 구멍으로 120cm ~ 140cm 후드 끈을 삽입한다.
아일렛 뿐 아니라 나나인치로 구멍을 만들어 사용하기도 한다.

소매는 남성복 오버사이즈 맨투맨 티셔츠 소매 패턴을 활용한다.

후드 제작

E.Hoo Atelier 225

남성복 앞지퍼 하이넥 티셔츠 MT22E_CH009

기준 사이즈	남성복 앞지퍼 하이넥 티셔츠 MT22E_CH009						
(가슴둘레/2)	42	44	46	48	50	52	54
가슴 둘레	110	114	118	122	126	130	134
어깨 너비	56.5	58	59.5	61	62.5	64	65.5
기장	68	69	70	71	72	73	74
소매통	49	50	51	52	53	54	55
소매기장	55.5	56	56.5	57	57.5	58	58.5

※ 기장은 뒷목점을 기준으로 밑단까지 잰 길이입니다.
※ 가슴둘레 여유량에 따라 핏감이 달라질 수 있습니다.

남성복 앞지퍼 하이넥 티셔츠 MT22E_CH009

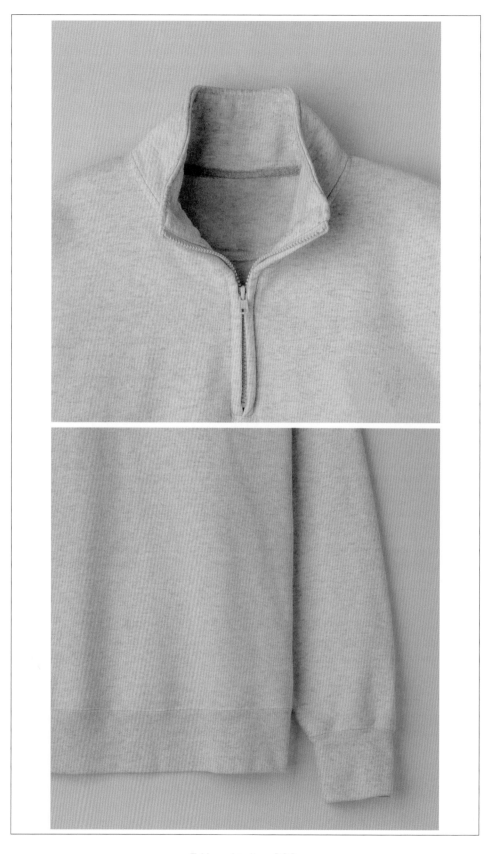

E.Hoo Atelier 228

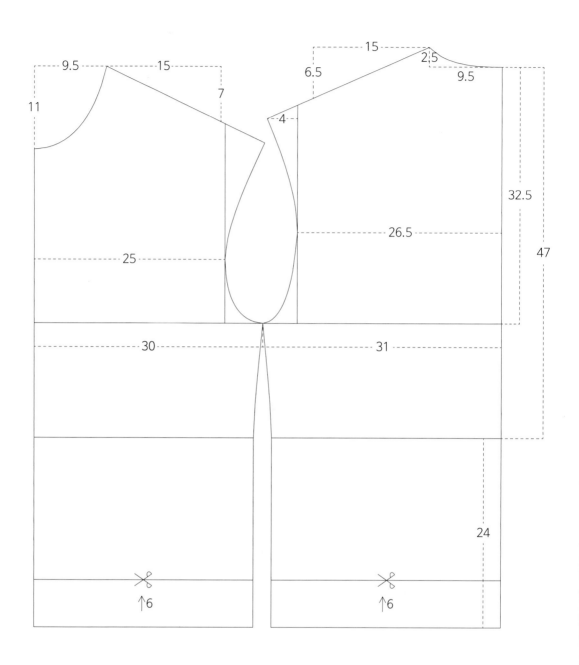

남성복 오버사이즈 맨투맨 티셔츠 패턴을 활용하여 작업한다.

남성복 앞지퍼 하이넥 티셔츠 MT22E_CH009

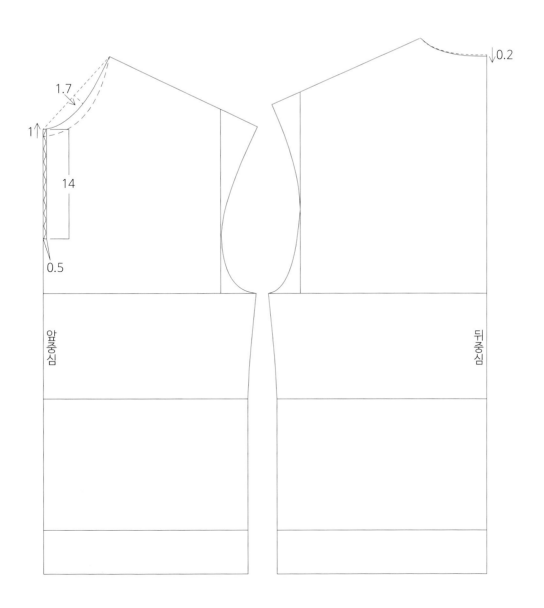

뒷목을 0.2cm 내린다.

앞목을 1cm 올린다.

1cm 올린 앞목에서 14cm 내려와 앞중심 지퍼 트임을 준다.

남성복 앞지퍼 하이넥 티셔츠 MT22E_CH009

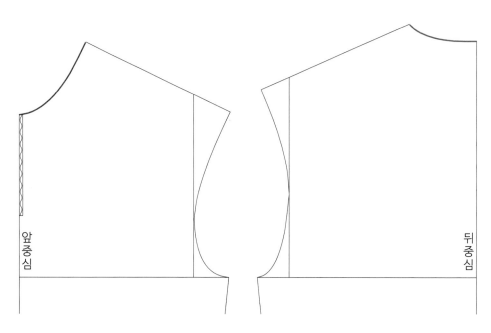

하이넥 카라 제도를 위해 뒷목 길이, 앞목 길이(단작포함)를 잰다.

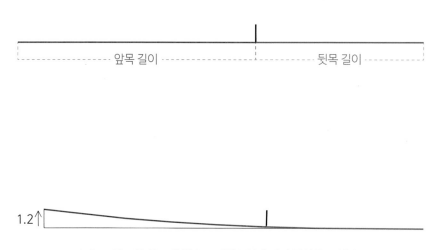

1.2cm 각도를 주고 곡선으로 자연스럽게 카라 밑선을 그린다.
목 둘레와 카라 길이를 맞추어 옆목 너치 표시를 한다.

E.Hoo Atelier 232

남성복 앞지퍼 하이넥 티셔츠 MT22E_CH009

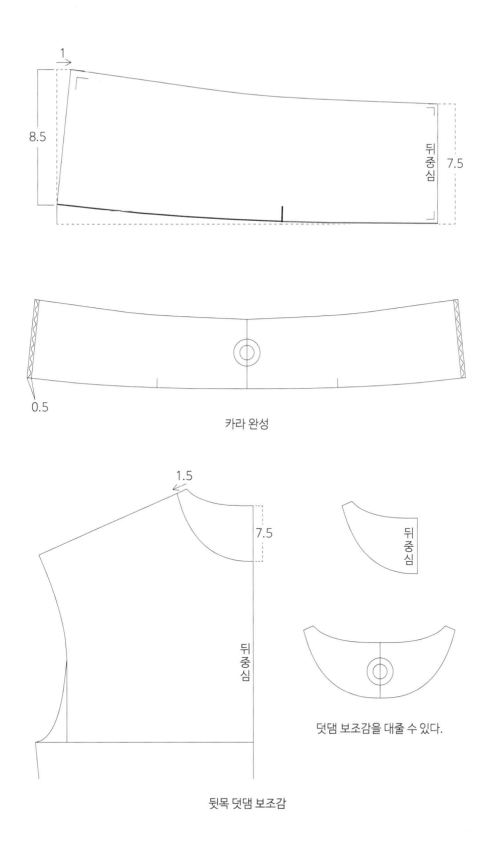

1

8.5

뒤중심

7.5

0.5

카라 완성

1.5

7.5

뒤중심

뒤중심

덧댐 보조감을 대줄 수 있다.

뒷목 덧댐 보조감

남성복 실무 셔츠 티셔츠 패턴
Men's wear shirt
Practical pattern

ⓒ 이후, 2022

초판 1쇄 발행 2022년 6월 21일

지은이   이후
펴낸이   이기봉
편집   좋은땅 편집팀
펴낸곳   도서출판 좋은땅
주소   서울특별시 마포구 양화로12길 26 지월드빌딩 (서교동 395-7)
전화   02)374-8616~7
팩스   02)374-8614
이메일   gworldbook@naver.com
홈페이지   www.g-world.co.kr

ISBN   979-11-388-1050-0 (03590)